听专家田间讲课

农户种养技术速成

高丁石 等 主编

中国农业出版社

图书在版编目（CIP）数据

农户种养技术速成/高丁石等主编．—北京：中国农业出版社，2016.10（2017.10重印）
（听专家田间讲课）
ISBN 978-7-109-22050-8

Ⅰ.①农…　Ⅱ.①高…　Ⅲ.①作物－栽培技术②畜禽－饲养管理　Ⅳ.①S31②S815

中国版本图书馆CIP数据核字(2016)第206921号

中国农业出版社出版
（北京市朝阳区麦子店街18号楼）
（邮政编码100125）
责任编辑　张利

北京中兴印刷有限公司印刷　新华书店北京发行所发行
2016年10月第1版　2017年10月北京第2次印刷

开本：787mm×960mm　1/32　印张：7.375
字数：128千字
定价：15.00元
（凡本版图书出现印刷、装订错误，请向出版社发行部调换）

编　委　会

主　　编　高丁石　牛连信　李泽义　刘胜男　赵下雨

副 主 编　（按姓氏笔画排列）

王丽娜　王秀云　王君毅　张　颖　范春霞　侯爱民

编写人员　（按姓氏笔画排列）

王丽娜　王秀云　王君毅　王鹏芳　牛连信　刘胜男　李泽义　李晓瑞　张　令　张　宁　张　颖　赵下雨　范春霞　侯爱民　郭少玲　高丁石　韩芳芳

前言

QIAN YAN

在我国农业生产取得举世瞩目成就之后，农业资源如何有效配置，农业生产如何优质、高效和可持续发展，农民怎样才能较快地步入小康，社会主义新农村如何建设等问题相继而来摆在我们面前。回顾20世纪以来社会和经济发展的历程，人类已经清醒地认识到，工业化的推进为人类创造了大量的物质财富，加快了人类文明的进步，但也给人类带来了诸如资源衰竭、环境污染、生态破坏等不良后果，再加上人口数量的刚性增长，人类必然要坚持走良性循环与可持续发展的道路。

发展种、养、沼农业良性循环是现代农业实现可持续发展的一种重要途径，它既建立在传统农业的有效经验之上，又运用了现代科学技术成果和现代管理手段。在循环农业链条中，农业废弃物怎样得到有效的利用，并且能产生新的经济效益是关键所在。我国是一个传统的农业大国，拥有5000多年的农业发展史，既有传统精耕细作经验，也同时存在多变的地理、气候环境条件，加上农业生产本来有众多特性，农业的发展必须按照因地制宜的原则选择适宜的发展模式；既要继承和发扬传统农业技术的精华，还要在此基础上大量应用现代农业生产技术。多年来的实践证明，在农村发展以沼气为核心的生态富民家园工程是建设小康社会的重要组成部分，更是促进农业和农村经济持续发展的重要举措。用沼气连接养殖业和种植业，可实现农业生产良性循环和可持续高效发展，能解决发展过程中存在的矛盾和问题，是一条正确的发展途径。为此，笔者根据多年来的生产实践经验，运用生态循环原则，对种植、养殖、沼气生产及土壤培肥管理过程中的实用技术作了简要总结，提炼了一些实用速成技术，旨在为我国的循环农业发展尽些微薄之力。

本书以理论和实践相结合为指导原则，较系统地阐述了种植业、养殖业以及土壤培肥管理与沼气生产核心实用技术，突出实践经验，对多种与大众生活以及发展养殖业有关的主要农作物栽培技术要点和四种主要畜禽养殖技术要点进行了操作性的叙述，同时对沼气生产以及综合利用技术也进行了解答，并对循环农业过程中一些关键技术进行了总结。该书以实用技术为重点，深入浅出，通俗易懂，针对性和可操作性较强，适于广大基层农技人员和农业生产者阅读。

由于编者水平所限，书中不当之处，敬请读者批评指正。

编　者

2016.6

目录

MU LU

第一讲
小麦栽培实用技术要点

小麦是人们生活的主要粮食作物，要优先保证小麦生产，满足人们生活的需要，才能考虑发展其他作物。随着人们生活水平的提高，种植优质专用小麦品种将是今后一个时期发展方向。

一、优质强筋小麦栽培技术要点

1. 选好茬口 优质强筋小麦要求有良好的茬口。一般以油菜、黄豆茬口为好。

2. 确定土质 优质强筋小麦喜欢壤质偏黏的土壤。在褐土、沙姜黑土地块适宜种植。在风沙土和沙质土区域内，最好不要盲目发展优质强筋小麦。

3. 选用地块 选用土壤有机质含量在1.0%以上，土壤速效氮含量在80毫克/千克，有效磷含量在20毫克/千克，氧化钾含量在100毫克/千克以上的田块进行种植。

4. 施足底肥 发展优质强筋小麦，应该遵循的施肥原则是，稳氮固磷配钾增粗补微。一般，中高肥地块，基肥与追肥比例为7∶3，高肥地块，基肥与追肥比例为5∶5。每亩*施纯氮12～16千克，五氧化二磷5千克。具体说来，在推广秸秆还田、增加土壤有机质的基础上，每亩应底施有机肥3 000～5 000千克；碳酸氢铵80千克或尿素30千克，过磷酸钙50～60千克或磷酸二铵20千克，硫酸钾12～18千克，硫酸锌1～1.5千克。并实行分层施肥：氮肥钾肥锌肥掩底，磷肥撒垡头（磷肥与钾肥不能混施）。

5. 选用优质强筋品种 目前河南省中早茬高肥水地块应选用郑366、西农979、新麦19、济麦20，中肥水地块应选用藁8901、藁9415、藁9405，旱薄丘陵地块可选用小偃54；在晚茬地可选用豫麦34. 郑9023。有条件的情况下，尽量对种子进行包衣处理。

6. 精细播种 因播期偏晚、播量偏大时利于蛋白质积累，不利于产量形成。因此，为兼顾优质、高产，一般播期以适播期下限，播量以适播量上限为宜。具体说来，半冬性品种在10月10日左右播种，播量控制在7.5千克左右；半春性品种在10月18日前后播种，播量控制在10千克上下。在此基础上，足墒下种，力争做到一播全苗。

7. 控制关键时期灌水 研究表明，冬前降水量大或土壤含水量较高会抑制小麦蛋白质的形成。因此，如果冬前土壤不是太旱，一般不浇越冬水。

---

* 亩为非法定计量单位，1亩≈667米^2。——编者注

但也要视具体情况而定。如果土壤含水量太低，也应适当浇越冬水，以保证麦苗安全越冬；浇过越冬水后，在返青期和起身期一般不再浇水；拔节期至孕穗期是小麦需肥水高峰期，对提高小麦蛋白质含量具有重要作用，所以此期应配合施肥浇水一次；生育后期小麦根系处于衰亡期，生命活动减弱，浇水容易导致根系窒息而早衰，既降低产量又影响品质，降低籽粒光泽度和角质率，增多“黑胚”现象。所以，在后期最好不浇麦黄水。研究表明，一般在土壤持水量50%以上时，后期控水基本上不影响产量，而对确保强筋小麦的品质却十分重要。

8. 前氮后移 根据研究结果基追同施比只施基肥品质好，氮肥后移比前期施肥品质好。因此，要改过去在返青期或起身期追肥的非优举措；在拔节至孕穗期重施追肥。一般视肥力状况每亩施10～15千克尿素，并立即浇水。此期是小麦一生需肥水最多的时期，也是对肥水最敏感时期。此期施肥浇水，不仅可以提高产量，而且可以增加蛋白质含量。同时还可促使第一节间增粗从而提高植株的抗倒伏能力。此后，在扬花期叶面喷施氮素，以满足后期蛋白质合成的需要。

9. 搞好化学调控 对于植株较高的优质强筋小麦品种，应注意在拔节期（3月上中旬）喷施壮丰安，以便缩短节间，降低重心，壮秆促穗防倒伏。扬花后5～10天，叶面喷施BN丰优素和磷酸二氢钾，或者在开花期和灌浆期两次叶面喷洒尿素溶液，每次每亩用1千克尿素加水50千克，以改善籽粒商品外观，增加产量，提高品质。

10. 坚持去杂保纯　杂麦的混入会明显降低强筋小麦的加工品质，所以不论作种子还是作商品粮都一定要把好田间去杂关，确保种子的纯度达到一级种子水平（99%）以上，商品粮的纯度达到95%以上，要做到这一点，以乡镇或以县为单位进行规模化种植，建立种子和优质强筋小麦生产基地是十分必要的。

11. 及时防治病虫　拔节前（2月下旬至3月初）据田间发病状况，及时喷洒禾果利或粉锈宁或井冈霉素防治纹枯病；4月中下旬用粉锈宁防治白粉病、锈病、叶枯病，用氧化乐果或吡虫啉防治蚜虫；扬花期（4月下旬）用多菌灵防治赤霉病；灌浆期用烯唑醇或多菌灵防治黑胚病。

12. 适期收获　强筋小麦在穗子或穗下节黄熟期即可收割。收割过晚，会因断头落粒造成产量损失，对粒重粒色及内在品质也有不良影响。收割方法以带秆成捆收割、晾晒一两天后脱粒最好。但这样费时费工费力，因此这种方法已不大采用，多在蜡熟末期用联合收割机进行及时收获。收获后注意分品种单收、单打、单入仓。

二、优质中筋小麦高产栽培技术

（一）播种技术

1. 施足底肥　小麦是需肥量较多的作物，施足底肥对小麦丰产十分重要。一般高产田块土壤耕层肥力应达到下列指标：有机质 1.2%、全氮 0.09%、水解氮 70 毫克/千克、有效磷 25 毫克/千克、速效钾 90 毫克/千克、速效硫 16 毫克/千克以上。在上述地力条件下，考虑土壤养分余缺平衡施肥，可亩施优质有机肥 2 000～3 000 千克，硫酸铵 30 千克，过磷酸钙 50 千克左右，有条件的还可亩施硫酸钾 15 千克。水利条件好的中等肥力田块也应参考高产田块要求施足底肥。

2. 精细整地、足墒下种 播前要施足底肥，深耕细耙，达到上虚下实。足墒下种是确保苗全苗壮的重要增产措施，是达到丰产的基础。北方地区大多年份麦播时墒情不足，应浇足底墒水，不应抢墒播种。还应逐年加深耕层，要深耕25～30 厘米。

3. 选用优质良种、适期精量播种 根据市场要求优先选用适宜当地的中筋优质专用品种，一个好的优良品种应具有单株生产力高、抗倒伏、抗病、抗逆性、株型紧凑、光合作用强、经济系数高、不早衰的特性。一般半冬性品种 10 月上中旬播种，春性品种 10 月中下旬播种，亩播量 6～10 千克，根据品种和播期适当选择。使适期精量播种分蘖成穗率高的中穗型品种，每亩基本苗达到 10 万～12 万株；分蘖成穗率低的大穗型品种，每亩基本苗达到 13 万～18 万株。间套种植留空行的适量减少。推广精播技术。

4. 种子处理 根据小麦吸浆虫、地下害虫发生程度进行药剂拌种或土壤处理。随着生产水平的不断提高，一方面作物对一些微量元素需求量增加；另一方面一些化肥的大量施用与某些微量元素拮抗作用增强，土壤中某些微量元素有效态降低，呈缺乏状态，据试验，增施微量元素肥料增产效果显著。小麦对锌、锰微量元素比较敏感，采用以锌、锰为主的多元复合微肥拌种增产效果较好，一般亩用量 50 克左右。

（二）冬管技术

浇好冬水。播种后至封冻前，若无充足降水，要坚持浇好冬水，既能保温又能踏实土壤，特别是对一些沙性土壤或秸秆直接还田的地块，常因土壤疏松悬空死苗或因秸秆腐化和苗争水引起干旱，所以，浇好冬水十分重要。不仅有利于保苗越冬，还有利于冬春保持较好墒情，以推迟春季第一次肥水，增加小麦籽粒的氮素积累，为春季管理争取主动。一般在立冬至小雪期间浇好冬水，待墒情适宜时及时划锄，以破锄板结，疏松土壤，除草保墒。浇水量不宜过大。

（三）春管技术

1. 及时中耕 早春以中耕为主，消灭杂草，破除板结，增温保墒，促苗早发。

2. 及时追肥浇水 中强筋小麦品种拔节后两极分化明显时，采取肥水齐攻，一般亩追施 20～25 千克硝酸铵，或 15～20 千克尿素。弱筋小麦品种应适当减少氮肥施用量。

3. 化学除草 亩用20%二甲四氯水剂200～250毫升或75%巨星（阔叶净）1克，加水30千克喷雾，防治麦田双子叶杂草。

4. 预防倒伏 于3月中旬小麦拔节前亩用15%多效唑30克，加水30千克喷雾，促进小麦健壮生长，降低株高，预防倒伏。特别是对一些高秆品种效果更好。

（四）中后期管理技术

1. 适时浇水与控水 根据土壤墒情适时浇好孕穗水或扬花水。拔节孕穗期是小麦需水临界期，此时土壤含水量，壤土在18%以下时应及时浇水，有利于减少小花退化，增加穗粒数，并保证土壤深层蓄水，供后期吸收利用。种植中强筋小麦专用品种的田块，在开花后应注意适当控制土壤含水量不要过高，在浇好孕穗水或扬花水的基础上一般不再灌水，尤其要避免麦黄水。弱筋型小麦品种还可在灌浆高峰期浇好灌浆水，对提高粒重有明显的效果。

2. 因地制宜，搞好“一喷三防”和叶面喷肥 小麦生长后期，由于根系老化，吸收功能减弱，且土壤中营养元素减少，往往有些地块表现某种缺肥症状，根据情况叶面喷洒一些营养元素能增强植株的抗逆能力和抵御灾害能力，能明显地提高粒重。对于强筋型品种麦田应喷洒1%～2%的尿素溶液；对贪青晚熟或缺磷钾田块喷洒磷酸二氢钾溶液，每次每亩用量150克左右，加水50千克；一般田块，可喷洒小麦多元复合肥，每亩用量100克左右，加水50千克。

小麦生长后期青枯病、干热风等病虫害频发，应及时喷洒激素、营养物质和农药进行防治，为小麦丰收提供保证。据研究，在小麦中后期喷洒激素类物质有助于提高植株的整体活性，增加新陈代谢，提高植株的抗逆能力，可有效地抵御干热风的侵袭和青枯病的危害。目前适用的激素类物质有黄腐酸（FA）、亚硫酸氢钠等。黄腐酸可使小麦叶片气孔开张度下降，降低小麦植株的水分蒸腾量。在孕穗期和灌浆初期各喷施一次效果最好。每亩用量一般50～150克，加水40千克喷洒。亚硫酸氢钠对小麦的光呼吸有很强的抑制作用，使光呼吸强度减弱，净光合强度提高，改善了小麦灌浆期营养物质的供应状况，促进了籽粒发育，增加了成粒数和粒重。一般在小麦齐穗期和扬花期喷施一次，每次每亩10～15克，加水50千克。亚硫酸氢钠极易被空气氧化失效，应随配随用，用后剩余的要密封好。

3. 防治病害 小麦中后期常有白粉病、锈病危害。当白粉病田间病株发病率达15%、病叶率达5%时，条锈病田间病叶率达5%时，一般在4月中旬进行防治，方法是，亩用15%的粉锈宁50克，弥雾机加水15～20千克，背负式喷雾器加水40～50千克，可兼治小麦纹枯病、叶枯病。

4. 防治虫害 小麦后期常有穗蚜危害。一般在5月上旬百穗有虫500头时进行防治。可亩用40%氧化乐果乳油50毫升，对水50千克喷雾。也可用50%抗蚜威可湿性粉7克，加水30千克喷雾。春季一些地块常有红蜘蛛的危害，一般在1米行长600头时进行防治。

（五）适时收获

小麦适宜收获期是在蜡熟中期，此期籽粒饱满，营养品质和加工品质最优，用手指掐麦粒，可以出现痕迹，叶片全部变黄，籽粒含水量在20%左右。

第二讲 玉米栽培实用技术要点

玉米是主要秋粮作物，产量高，且营养丰富，用途广泛。它不仅是食品和化工工业的原料，还是“饲料之王”，对畜牧业的发展有很大的促进作用。

一、普通玉米栽培技术要点

（一）选用紧凑型优良品种

紧凑型品种具有光能利用率高、同化率高、吸肥能力强、生活力强、灌浆速度快、经济系数高等优点，在生理上具备了增产优势。根据品种对比试验，紧凑型品种比平展叶型品种亩增产 15%左右。因此应根据当地情况选用比较适宜的紧凑型品种。另外，在播种以前，要做好晒种和微肥拌种工作。

（二）适时播种，合理密植

黄淮海农区夏玉米麦垄套种时间适时掌握在麦收 6～8 天，最迟要在 6 月上旬播种完毕。种植密度根据地力、品种、产量水平、套种方式而定。该常规播种的窄行距大株距为宽行距小株距，尽可能体现边行优势。一般单一种植玉米密度可掌握在 4 000～4 500 株，种植方式以宽窄行种植为好，宽行 95 厘米、窄行 65 厘米、株距 20 厘米左右；也可等行距种植，行距 83 厘米，株距 18～20 厘米。应单株留苗。

（三）科学管理，巧用肥水

玉米具有生育期短，生长快，需肥迅速，耐肥水等特点，所以必须根据其需要及时追肥，才能达到提高肥效，增加产量的目的。

1. 苗期管理 为使玉米苗期达到“苗齐、苗匀、苗壮”的目的，苗期管理要突出一个“早”字。麦套玉米在麦收后，要早灭茬、早治虫、早定苗，争主动，促壮苗早发。

2. 中期管理 玉米苗期生长较缓慢，吸收养分数量较少，拔节后生长迅速，养分吸收量猛增，抽雄到灌浆期达到高峰。中期是玉米营养生长与生殖生长并进阶段。是决定玉米穗大粒多的关键时期。根据玉米生长发育特点，生产上应按叶龄指数追肥法进行追肥，即在播种后 25～30 天，可见 9～10片叶，一般亩追施碳铵 50 千克，过磷酸钙 35～40 千克，高产田块还可追施 10 千克硫酸钾。播种后 45 天，展开叶 12～13 片，可见 17～18 片叶，亩追施碳酸铵 30 千克。在中期根据土壤墒情重点浇好抽雄水。抽雄时进行人工授粉，授粉后去雄，节省养分。

3. 后期管理 玉米生长后期，以生殖生长为主，是决定籽粒饱满程度的重要时期，要以防止早衰为目的。对出现脱肥的地块，用 2%的尿素加磷酸二氢钾 150 克加水 50 千克进行叶面喷施。此期应浇好灌浆水，并酌情浇好送老水。

（四）适时晚收获

玉米果穗苞叶变黄，籽粒变硬，果穗中部籽粒乳腺消失，籽粒尖端出现黑色层，含水量降到33%以下时，为收获标准。目前生产中实际收获期偏早，应按成熟标准适时晚收。

二、优质专用玉米高产栽培技术要点

（一）甜玉米高产栽培技术要点

甜玉米是甜质型玉米的简称，因其籽粒在乳熟期含糖量高而得名。它与普通玉米的本质区别在于胚乳携带有与含糖量有关的隐性突变基因。根据所携带的控制基因，可分为不同的遗传类型，目前生产是应用的有普通甜玉米、超甜玉米、脆甜玉米和加强甜玉米 4 种遗传类型。普通甜玉米受单隐性甜-1基因（Su1）控制，在籽粒乳熟期其含糖量可达 8%～16%，是普通玉米的 2～2.5 倍，其中蔗糖含量约占 2/3，还原糖约占 1/3；超甜玉米受单隐性基因凹陷-2（SH2）控制，在授粉后 20～25 天，籽粒含糖量可达到 20%～24%，比普通甜玉米含糖量高 1 倍，其中糖分以蔗糖为主，水溶性多糖仅占 5%；脆甜玉米受脆弱-2（Bt2）基因控制，其甜度与超甜玉米相当；加强甜玉米是在某个特定甜质基因型的基础上又引入一些胚乳突变基因培育而成的新型甜玉米，受双隐性基因（Su1Se）控制，兼具普通甜玉米和超甜玉米的优点。甜玉米的用途和食用方法类似于蔬菜和水果的性质，蒸煮后可直接食用，所以又被称为“蔬菜玉米”和“水果玉米”。种植甜玉米应抓好以下几项关键措施。

1. 隔离种植，避免异种类型玉米串粉 甜玉米必须与其他甜玉米隔离种植，一般可采取以下3种隔离措施。①自然异障隔离。靠山头、树木、园林、村庄等自然环境屏障起到隔离作用，阻挡外来花粉传入。②空间隔离。一般在400～500米空间之内应无其他玉米品种种植。③时间隔离。利用调节播种期错开花期进行隔离，开花期至少错开20天以上。

2. 应用育苗移栽技术 由于甜玉米糖分转化成淀粉的速度比普通玉米慢，种子成熟后一般淀粉含量只有18%～20%，表现为凹陷干瘪状态，种子顶土能力弱，出苗率低，生产上常应用育苗移栽技术。采用育苗移栽不仅能提高发芽率和成苗率，从而节约种子和保证种植密度，而且还是早熟高产品种栽培的关键技术环节。育苗时间以当地终霜期前25～30天为宜。一般采用较松软的基质育苗（多采用由草炭、蛭石、有机肥按6∶3∶1的比例配制的基质）。播种深度不一般超过0.5厘米，每穴点播1粒种子，将播种完的苗盘移到温度25～28℃、相对湿度80%的条件下催芽，催芽前要浇透水，当出苗率达到60%～70%后，将苗盘移到日光温室内进行培养，苗期日光温室培养对温度要求较为严格，一般白天应控制在21～26℃，夜间不低于10～12℃。如果白天室内温度超过33℃应注意及时放风降温防止徒长；夜间注意保温防冷害。在春季终霜期过后5～10厘米地温达18～20℃时进行移栽。

3. 合理密植 甜玉米适宜于规模种植，一般方形种植有利于传粉和保证品质。种植密度可根据土壤肥力程度和品种本身的特性来确定，应掌握“株型紧凑早熟矮小的品种宜密，株型高大晚熟的品种宜稀，水肥条件好的地块宜密，瘠薄地块宜稀”的原则，一般亩种植密度在3 300～3 500株。

4. 加强田间管理 甜玉米生育期短且分蘖性强结穗率高，所以对肥水供应强度要求较高，种植时要重视施足底肥，适当追肥，这样才能保证穗大，并增加双穗率和保证品质。对于分蘖性强的品种，为保证主茎果穗有充足的养分、促进早熟，一般要将分蘖去除，不留痕迹，而且要进行多次。甜玉米品种多数还具有多穗性的特点，植株第一果穗作鲜食或加工，第二、第三果穗不易成穗，可在吐丝前采摘，用来制作玉米笋罐头或速冻玉米笋。为提高果穗的结实率，必要时可以进行人工辅助授粉。

(1) 拔节期管理 缓苗后，植株将拔节，此时可进行追肥，一般亩施尿素7.5千克，以利于根深秆壮。

（2）穗期管理　在抽雄前 7 天左右应加强肥水管理，重施攻苞肥，亩施尿素 12.5 千克，以促进雌花生长和雌穗小化分化，增加穗粒数，此时还要注意采取措施控制营养生长，促进生殖生长。

（3）结实期管理　此期由营养生长与生殖生长并重转入生殖生长，管理的关键是及时进行人工辅助授粉和防止干旱及时灌水。

5. 适时采收　甜玉米优质高产适时采收是关键。采收过早，籽粒水分含量太高，水溶性和其他营养物质积累尚少，风味不佳，适口性差，产量也低；采收过晚，种皮硬化，糖分下降，籽粒脱水严重，品质下降。一般早熟品种采收期在授粉后18～24 天，中晚熟品种采收期可适当推迟 2～3 天。

（二）糯玉米高产栽培技术要点

糯玉米是玉米属的一个亚种，起源于中国西南地区，是玉米第九条染色体上基因（*WX*）发生突变而形成的。籽粒呈硬粒型或半马齿型，成熟籽粒干燥后胚乳呈角质不透明、无光泽的蜡质状，因此称蜡质玉米。根据籽粒颜色糯玉米又可分为黄粒种和白粒种两种类型。糯玉米籽粒中的淀粉完全是支链淀粉，而普通玉米的支链淀粉含量为 72%，其余 28%为直链淀粉。糯玉米的消化率可达 85%，从营养学的角度讲，糯玉米是一种营养价值较高的玉米。其高产栽培应抓好以下几项关键措施。

1. 避免异种类型玉米串粉　要求方法同甜玉米。

2. 适期播种，合理密植　糯玉米春播时间应以地表温度稳定通过12℃为宜，育苗移栽或地膜覆盖可适当提早15天左右；播种可推迟到初霜前85～90天。若以出售鲜穗为目的可分期播种。重视早播和晚播拉长销售期，以提高种植效益。一般糯玉米种植密度为每亩3 300～3 500株。

3. 加强田间管理　和甜玉米一样，糯玉米生长期短，特别是授粉至收获只有20多天时间，要想高产优质对肥水条件要求较高，种植时要施足底肥，适时追肥，才能保证穗大粒多。对分蘖性强的品种，为保证主茎果穗有充足的养分并促进早熟，可将分蘖去除。为提高果穗的结实率，必要时可进行人工扶助授粉。

4. 适时采收　糯玉米必须适时收获，才能保证其固有品质。食用青嫩果穗，一般以授粉后25天左右采收为宜，采收过早不黏不甜，采收过迟风味差。用于制罐头不宜过分成熟，否则籽粒变得僵硬，但也不宜过嫩，太嫩则产量降低。做整粒糯玉米罐头，应在蜡熟期采收。

第三讲 大豆栽培实用技术要点

大豆营养丰富，其籽粒中含蛋白质40%以上，脂肪20%左右，还富含钙、镁、磷、铁等微量元素，可加工食品种类很多，用途广泛，加工经济效益很高。对提高人民生活水平有着十分重要的意义。

一、选用良种，合理调茬

大豆是一个光周期性较强的作物，属短日照植物，在形成花芽时，较长的黑夜和较短的白天，能促进生殖生长，抑制营养生长，所以大豆品种受区域影响很大，应根据当地自然条件和栽培条件选择良种。一般来说，无霜期较长的中上等肥力地块和麦垄套种区，应选用中晚熟品种，中下等肥力地块，应选用中早熟有限结荚习性的品种。另外与其他高秆作物间作还应考虑选用耐阴性强、节间短、结荚密的品种。大豆忌重茬，应合理调节茬口。大豆重茬，生长迟缓，植株矮小，叶色黄绿，易感染病虫害。特别是大豆孢囊线虫发生较重，使荚少、粒小，显著减产。

二、适期播种，合理密植

适期播种，一播全苗，是大豆生产过程中的关键一环，抓住了这一环，才能发挥田间管理的更大作用，夺取大豆丰收。黄淮海农区大豆多夏播，一般生育期 110 天以上的品种应在 5 月下旬麦垄套播，生育期 100～110 天的品种以 6 月上旬播种为宜，生育期 100 天以内的品种以 6 月 15 日以前播种为宜。早播是早发的前提，能使大豆充分利用光能，是丰收的基础。在早播和提高播种质量的同时，还应搞好合理密植工作。单一种植大豆，一般高水肥地块控制在每亩 1 万株，中等地块，密度在 1 万～1.2 万株，行距配置一般为宽行 36 厘米，窄行 24 厘米。播种时要掌握足墒下种，墒情不足时要浇水造墒后再播，播种要深浅一致，一般掌握在 3～5 厘米。

三、搞好田间管理

俗话说：大豆三分种，七分管，十分收成才保险。种好是基础，管好是关键。搞好田间管理工作，是大豆丰收的关键。

（一）苗期管理

大豆从出苗到开花为苗期，需 30～40 天。苗期的长短，主要与播期及品种有关，一般播种早，苗期长，播种晚，苗期短；中晚熟品种苗期长，早熟品种苗期短。大豆苗期主要是长根、茎、叶，伴有花芽分化，以营养生长为主，且地下部分生长快，地上部分生长慢，一般地下比地上快3～6倍。因此，苗期的主攻目标是培育根系，使茎秆粗壮，节间短，叶片肥厚，叶色浓绿，长成敦实的壮苗。主要管理措施：

1. 查苗补种 大豆出苗后，应立即逐行查苗，凡断垄30厘米以上的地方，应立即补种或补栽，30厘米以下的地方，可在断垄两端留双株，不再补种或补栽。

2. 间苗定苗 在全苗的基础上，实行人工手间苗，单株匀留苗，能充分利用光能，合理利用地力，协调地下部和地上部，个体与群体的关系，促进根系生长，增加根瘤数，是一项简便易行的增产措施，一般可增产15%～20%。

大豆间苗一般是一次性的，时间宜早不宜迟，在齐苗后随即进行。“苗荒胜于草荒”，间苗过晚，幼苗拥挤，互相争光争水争肥，根系生长不良，植株生长瘦弱，失去了间苗的意义。间苗的方法是按计划种植密度和行距，计算出株距，顺垄拔去疙瘩苗、弱苗、病苗、小苗、异品种苗，留壮苗、好苗，达到苗壮、苗匀、整齐一致的要求。

3. 中耕除草、冲沟培土 大豆在初花期以前，多中耕、勤中耕，不仅可以清除田间杂草，减少土壤养分的无为消耗，也可以切断土壤毛细管，保墒防旱，还可疏松土壤，促进根系发育和植株生长，结合中耕促进大豆不定根的形成，扩大根群，增强根的吸肥、吸水能力，防止早衰。培土方法：一是结合中耕，人工用锄培土拥根；二是可以用小畜犁在大豆封垄前于宽行内来回冲一犁。

4. 追肥 大豆分枝期以后，植株生长量加快，体内矿质营养的积累速度约为幼苗期的 5 倍，因此需要养分较多。追肥时期以开花前 5～7 天为宜；追肥量应根据土壤肥力状况和大豆的长势确定，土壤瘠薄，大豆长势差，应多追些氮肥，一般亩追尿素 7.5 千克左右；若大豆生长健壮，叶面积系数较大，土壤碱解氮在 80 毫克/千克以上，不必追施氮肥。施肥方法以顺大豆行间沟施为好，施肥后及时浇水，既防旱又可以尽快发挥肥效和提高肥力。

（二）花荚期管理

大豆从初花到鼓粒为花荚期，需 20～30 天。此期的营养特点是糖、氮代谢并重。生长特点是营养生长与生殖生长并进。既长根、茎、叶，又开花、结荚，是大豆生长发育最旺盛的时期，干物质积累最多，营养器官与生殖器官之间对光和产物需求竞争激烈，茎叶生长和花荚的形成，都需要大量的养分和水分，是大豆一生中需肥需水量最多的时期，也是田间管理的关键时期，其管理任务是：为大豆开花创造良好的环境条件，协调营养生长与生殖生长的矛盾，使营养生长壮而不旺，不早衰；使花荚大量形成而脱落少。主攻目标是：增花保荚。管理措施如下：

1. 浇水防旱 大豆花荚期是需水较多的时期，

农言道："大豆开花，水里摸虾"。此期如果土壤墒情差，水分供应不足，就会造成花荚大量脱落，单株荚数、粒数减少，粒重降低。因此，花荚期遇旱，要及时浇水，以水调肥，保证水肥供应，减少花荚脱落，增加粒数和粒重。要求土壤含水量不低于田间最大持水量的75％。

2. 科学追肥 大豆花荚期也是需肥较多的时期，养分供应不上，也是造成花荚脱落的一个重要因素。但是养分过多，特别是氮素过量，营养生长与生殖生长失调，营养生长过旺，也可造成花荚大量脱落。因此，一般在底肥或幼苗和分枝期追肥较充足的地块，植株生长稳健，表现不旺不衰，此期可不追速效性化肥，只进行叶面喷肥，以快速补充养分供花荚形成之用。如果底肥不足或前期追肥量较少植株生长较弱，可适当追些速效化肥，但量不要大，盛花期前可亩追施尿素2～3千克，并加强叶面喷肥，叶面喷肥以磷、钾、硼、钼等多种营养元素复合肥为好，长势弱的地块也可加入一些尿素或生长素之类的物质。

（三）鼓粒成熟期的管理

从大豆粒鼓起至完全成熟为鼓粒成熟期，需35～40天。此期的生理特点是以糖代谢为主，营养生长基本停止，生殖生长占主导地位，籽粒和荚壳成为这一时期唯一的养分聚集中心。这一时期的外界条件对大豆的粒数、粒重有很大影响，仍需要大量的水分、养分和充足光照。管理的主要任务是：以水调肥，养根护叶不早衰。主攻目标是：粒多、粒饱。主要管理措施如下：

1. 合理灌水，抗旱防涝相结合 水是光合作用的重要原料，也是矿质营养和光和产物运输的重要媒介。大豆此期仍需要大量的水分，尤其是鼓粒前期，要求土壤含水量要保持在田间持水量的70％左右。低于此含水量，就要及时灌水，不然就会造成秕荚、秕粒增多。在防旱的同时，还要注意大雨后及时排涝，防止大豆田间长期积水。

2. 补施鼓粒肥 在鼓粒前期有脱肥早衰现象的要补施鼓粒肥，补肥仍以叶面喷肥为主。

四、适时收获

适时收获是大豆实现丰收的最后一个关键措施。收获过早、过晚对大豆产量和品质都有一定影响，收获过早，干物质积累还没有完成，降低粒重或出现青秕粒；收获过晚，易引起炸荚造成损失。当大豆整株叶子发黄脱落，豆棵晃动有啦啦响声时，证明大豆已经成熟，应抢晴天收割晾晒。为保证大豆色泽鲜艳，提高商品价值，一般要晒棵不晒粒，晒干后及时收打入仓。

第四讲 绿豆栽培实用技术要点

绿豆属豆科豇豆属作物，原产于亚洲东南部，在中国已有 2 000 多年的栽培历史。绿豆适应性广，抗逆性强，耐旱、耐瘠、耐荫蔽，生育期较短，适播期较长，并有固氮养地能力，是禾谷类作物棉花、薯类等间作套种的适宜作物和良好前茬。其主产品用途广泛，营养丰富，深加工食品在国际市场上备受青睐；副产物秧蔓和角壳又是良好的饲料，所以说，绿豆在农业种植结构调整和高产、优质、高效生态农业循环中具有十分重要的作用。

一、选用良种

绿豆对环境条件的要求较为严格，不同地区要求有相适应的品种种植才能获得高产。另外，单作和间作也应根据情况选择不同的品种。所以种植绿豆一般要选用当地的高产、抗病品种。

二、整地与施肥

绿豆对前茬要求不严，但忌连作。绿豆出苗对土壤疏松度要求比较严格，表层土壤过实将影响出苗，生产上一定要克服粗放的种植方法，为保证苗齐苗壮，播种前应整好地，使土壤平整疏松，春播绿豆可在年前进行早秋深耕，耕深15～25 厘米；夏播绿豆应在前茬作物收获后及时清茬整地耕作。耕作时可施足基肥，可亩施沼渣和沼液 2 000～3 000千克，在施足有机肥的基础上，春播绿豆在播种时、夏播绿豆在整地时可少量配施化肥作基肥，一般可亩施磷酸二铵 10 千克左右。绿豆生育期短，在施足底肥的前提下，一般可不追施肥料，但要应用叶面喷肥技术进行补施，生产成本低、效果好。根据绿豆生长情况，全生育期可喷肥 2～3次，一般第一次喷肥在现蕾期，第二次喷肥在荚果期，第三次喷肥在第一批荚果采摘后，喷肥可亩用1∶1 的腐熟沼液40～50 千克，或1 千克尿素加0.2 千克磷酸二氢钾兑水 40～50 千克。在晴天上午 10 时前或下午 3 时后进行。

三、播种

由于绿豆的生育期因品种各异，生育期长短不一，加上地理位置和种植方式不同（间、混、套种等），播种期应根据情况而定。春播一般应掌握地温稳定通过 12℃以后；夏播抢时；秋播根据当地初霜期前推该品种生育期天数以上播种。

在种植时应掌握早熟品种和直立型品种应密植，半蔓生品种应稀植，分枝多的蔓生品种应更稀一些的种植原则。播量要因地制宜，一般条播为每亩 1.5～2 千克，撒播为每亩 4～4.5 千克，间作套种应根据绿豆实际种植面积而定。一般行距 40～50 厘米，株距 10～20 厘米，早熟品种每亩留苗 8 000～15 000 株，半蔓生型品种每亩7 000～12 000株，晚熟蔓生品种每亩 6 000～10 000株。播深 3～4 厘米为宜。

四、科学管理

1. 镇压 对播种时墒情较差，坷垃较多，土壤沙性较大的地块，要及时镇压以减少土壤孔隙，增加表层水分，促进种子早出苗、出全苗、根系生长良好。

2. 间苗定苗 为使幼苗分布均匀，个体发育良好，应在第一复叶展开后间苗，在第二复叶展开后定苗。按规定的宽度要求去弱苗、病苗、小苗、杂苗，留壮苗、大苗，实行单株留苗。

3. 灌水排涝 绿豆耐旱主要表现在苗期，三叶期以后需水量逐渐增加，现蕾期为绿豆需水临界期，花荚期达到需水高峰期。在有条件的地区可在开花前浇一水，以促单株荚数；结荚期再浇一水，以促籽粒饱满。绿豆不耐涝，怕水淹，如苗期水分过多，会使根病复发，引起烂根死苗或发生徒长导致后期倒伏。后期遇涝，根系生长不良，出现早衰，花荚脱落，产量下降，地表积水 2～3 天会导致植株死亡。

4. 中耕除草 绿豆多在温暖、多雨的夏季播种，生长初期易生杂草，播后遇雨易造成地面板结，影响幼苗生长。一般在开花封垄前应中耕2～3次，即第一片复叶展开后结合间苗进行第一次浅中耕，第二片复叶展开后开始定苗，进行第二次中耕，到分枝期结合培土进行第三次中耕。

5. 适当培土 绿豆根系不发达，且枝叶茂盛，尤其是到了花荚期，荚果都集中在植株顶部，头重脚轻，易发生倒伏，影响产量和品质，可在三叶期或封垄前在行间开沟培土，不仅可以护根防倒，还便于排水防涝。

五、收获与贮藏

1. 收获 绿豆有分期开花、成熟和第一批荚果采摘后继续开花的习性，一些农家品种又有炸荚落粒的现象，应适时收摘。一般植株上有60%～70%的荚成熟后开始采摘，以后每隔6～8天收摘一次效果最好。

2. 贮藏 收下的绿豆应及时晾晒、脱粒、清选。绿豆象是绿豆主要的仓库害虫，必须熏蒸后再入库。

第五讲
甘薯栽培实用技术要点

甘薯是高产稳产粮食作物之一。具有适应性广，抗逆性强，耐旱，耐瘠薄，病虫害较少的特点。营养价值较高，对调剂人民生活有重要作用。

一、选用脱毒良种，壮秧扦插

目前甘薯栽培品种很多，可根据栽培季节和栽培目的进行选择。但甘薯在长期的营养繁殖的过程中，极易感染积累病毒、细菌和类病毒，导致产量和品质急剧下降。病毒还会随着薯块或薯苗在甘薯体内不断增殖积累，病害逐年加重，对生产造成严重危害。利用茎尖分生组织培养脱毒甘薯秧苗已经成为防病治病，提高产量和品质的首选方法。经过脱毒的甘薯一般萌芽好，比一般甘薯出苗早1～2天，脱毒薯苗栽后成活快，封垄早，营养生长旺盛，结薯早，膨大快，薯块整齐而集中，商品薯率高，一般可增产30%左右。

春薯育苗可选择火炕或日光温室育苗。夏薯可采用阳畦育苗。一般选用长23厘米，有5～7个大叶，百株鲜重0.8～1千克的壮秧进行扦插。壮秧成活率高，发育快，根原基大，长出的根粗壮，容易形成块根。结薯后，薯块膨大快，产量高，比弱秧苗增产20%左右。一般春薯每亩大田按40～50千克种秧备苗；夏薯每亩按30～40千克种秧备苗，才能保证用苗量。

二、坚持起垄栽培

甘薯起垄栽培，不但能加厚和疏松耕作层，而且容易排水，吸热散热快，昼夜温差大，有利于块根的形成和膨大。尤其夏甘薯在肥力高的低洼田块多雨年份起垄栽培，增产效果更为显著。一般66厘米垄距栽1行甘薯，120厘米垄距的栽2行甘薯。

三、适时早栽，合理密植

在适宜的条件下，栽秧越早，生长期越长，结薯早，结薯多，块根膨大时间长，产量高，品质好，所以应根据情况适时早栽。麦套春薯在4月扦插；夏薯在5月下旬足墒扦插。采用秧苗平直浅插的方法较好，能够满足甘薯根部好气喜温的要求，因而结薯多，产量高。合理密植是提高产量的中心环节。一般单一种植亩密度在4 000株左右，行距60～66厘米，株距25～27厘米。与其他作物套种，根据情况而定。

栽好甘薯的标准是：一次栽齐，全部成活。栽插时间的早晚，对产量的影响很大，因为甘薯无明显的成熟期，在田间生长时间越长，产量越高。据试验栽插期在 4 月 28 日至 5 月 10 日对产量影响不大；5 月 10～16 日，每晚栽一天，平均每亩减产 21.3 千克，5 月 16～22 日，每晚栽一天，平均每亩减产 32.6 千克。夏薯晚栽，减产幅度更大，一般在 6 月底以后就不宜栽甘薯了；遇到特殊情况也应在 7 月 15 日前结束栽植。

四、合理肥水管理

甘薯生长期长、产量高、需肥量大，对氮、磷、钾三要素的吸收趋势是前中期吸收迅速，后期缓慢，一般中等生产水平每生产 1 000 千克鲜薯需吸收氮素 4～5 千克、五氧化二磷 3～4 千克、氧化钾 7～8 千克；高产水平下，每生产1 000千克鲜薯约需吸收氮素 5 千克、五氧化二磷 5 千克、氧化钾 10 千克。但当土壤中水解氮含量达到 70 毫克/千克以上时，就会引起植株旺长，薯块产量反而会下降；有效磷含量在 30 毫克/千克以上、有效钾含量在 150 毫克/千克以上时，施磷钾的效果也会显著降低，在施肥时应注意。生产上施肥可掌握如下原则：高肥力地块要控制氮肥施用量或不施氮肥，栽插成活后可少量追施催苗肥，磷、钾、微肥因缺补施，提倡叶面喷肥。一般田块可亩施氮素 8～10 千克、五氧化二磷 5 千克、氧化钾 6～8 千克；磷、钾肥底施或穴施，氮肥在团棵期追施。另外，中后期还应叶面喷施多元素复合微肥 2～3 次。

甘薯是耐旱作物，但绝不是不需要水，为了保证一次栽插成活，必须在墒足时栽插，如果墒情不足要浇窝水，根据情况要浇好缓苗水、团棵水、甩蔓水和回秧水，特别是处暑前后注意及时浇水，防止茎叶早衰。

在甘薯封垄前，一般要中耕除草2～3次，通过中耕保持表土疏松无杂草。杂草对甘薯生长危害很大，它不但与甘薯争夺水分和氧分，也影响田间通风透光，而且还是一些病虫寄主和繁殖的场所。中耕除草应掌握锄小、锄净的原则，在多雨季节应把锄掉的杂草收集起来带到田外，以免二次成活再危害。

五、搞好秧蔓管理

甘薯生长期间，科学进行薯蔓管理，防止徒长，是提高甘薯产量的一项有效措施。一般春薯栽后60～110天，夏薯栽后40～70天，正处于高温多雨季节，土壤中肥料分解快，水分供应充足，有利于茎叶生长，高产田块容易形成徒长，这一阶段协调好地上和地下部生长的关系，力促块根继续膨大是田间管理的重点。应克服翻蔓的不良习惯，坚持提蔓不翻秧，若茎叶有徒长趋势，可采取掐尖、扣毛根、剪老叶等措施，也可用矮壮素等化学调节剂进行化学调控。

六、适时收获、贮藏

甘薯的块根是无性营养体，没有明显的成熟标准和收获期，但是收获的早晚，对块根的产量、留种、贮藏、加工利用等都有密切关系。适宜的收获期一般在15℃左右，块根停止膨大，在地温降到12℃以前收获完毕，晾晒贮藏。

第六讲 花生栽培实用技术要点

花生是主要的油料作物，是食用油的主要原料。花生仁加工用途广泛，蔓是良好的牲畜饲料。该作物自身有一定的固氮能力，投资少，效益高，是目前能大面积种植且单位面积农业生产效益较好的作物之一。

一、春花生栽培技术要点

（一）深耕改土，精细整地，轮作换茬

1. 花生对土壤的要求 花生耐旱、耐瘠性较强，在低产水平时，对土壤的选择不甚严格，在瘠薄土地上种植产量不高，但花生也是深耕作物，有根瘤共生，并具有果针入土结果的特点，高产花生适宜的土壤条件应该是排水良好、土层深厚肥沃、黏沙土粒比例适中的沙壤或轻壤土。该类土壤因通透性好，并具有一定的保水能力，能较好地保证花生所需要的水、肥、气、热等条件，花生耐盐碱性差，pH8 时不能发芽。花生比较耐酸，但酸性土中钙、磷、钼等元素有效性差，并有高价铝、铁的毒害，不利花生生长。一般认为花生适宜的土壤 pH 为 6.5～7。

2. 改土与整地措施 春花生目前还大多种植在土壤肥力较瘠薄的沙土地上，一些地块冬春季还受风蚀危害，不同程度地影响着花生产量的提高，所以要搞好深耕改土与精细整地工作，为花生高产创造良好的土壤环境条件。

（1）增施有机肥。这是一项见效快、成效大的措施，有机肥不但含有多种营养元素，而且还是形成团粒结构的良好胶结剂，其内含的有机胶体，可以把单粒的细沙粒胶结成团粒，以改变沙土的松散与结构不良的状态。坚持连年施用有机肥，还能调节土壤的酸碱度，使碱性偏大的土壤降低 pH。

（2）深耕深翻加厚活土层。深耕深翻后增加了土壤的通透性，能加速土壤风化，促使土壤微生物活动，使土壤中不能溶解的养分分解供作物吸收利用。若年年坚持深耕深翻，并结合有机肥料的施用，耕作层达到生熟土混合，粪土相融，活土层年年增厚，即可改造成既蓄水保肥，又通气透水、抗旱、耐涝的稳产高产田。注意一次不要耕翻太深，可每年加深 3～4 厘米，至深翻 33.3 厘米。深翻 33.3 厘米以上，花生根系虽有下移现象，但总根量没有增加，故无明显增产效果。

（3）翻淤压沙或翻沙压淤。根据土壤剖面结构情况，沙下有淤的可以翻淤压沙，若淤土层较薄，注意不要挖透淤土层；淤下有沙的可翻沙压淤，进行土壤改良。

精细整地是丰产的基础，也是落实各项增产技术措施的前提。实践经验证明，精细整地对于达到苗全、苗壮，促进早开花、多结果有重要作用。春花生地要及早进行冬耕，耕后晒垡。封冻前要进行冬灌，以增加底墒，防止春旱，保证适时播种。另外，冬灌还可使土壤踏实，促进风化，冻死虫卵及越冬害虫。冬灌一般用犁冲沟，沟间距1米左右为宜，使水向两面渗透，水量要大，开春后顶凌耙地，切断毛细管，减少水分蒸发保墒。

起垄种植是提高花生产量的一项成功经验，对增加百果重和百仁重及出仁率均有显著作用，一般可增产20%以上。它能加厚活土层，使结实层疏松，利于果针下扎入土和荚果发育，能充分发挥边行优势。起垄后三面受光，有利于提高地温，据试验，起垄种植的地块土壤温度比平栽的增加1～1.5℃，有利于形成壮苗。起垄的方式一般有两种：一是犁扶埂，两犁一垄，高15厘米左右，垄距40厘米左右，每垄播种1行花生，穴距根据品种密度而定，一般19～20厘米，每穴两粒；二是起垄双行，垄距70～80厘米，大行距40～50厘米，小行距24～30厘米，然后再根据品种密度确定穴距，一般19～20厘米，每穴播两粒。今后应积极推广机械起垄播种，以提高工效。

3. 合理轮作 花生“喜生茬，怕重茬”，轮作倒茬是花生增产的一项关键措施。试验证明，重茬年限越长，减产幅度越大。一般重茬1年减产20%左右，重茬2年减产30%左右。花生重茬减产的主要原因有以下3个方面。

（1）花生根系分泌物自身中毒。其根系分泌的有机酸类，在正常情况下，可以溶解土壤中不能直接吸收的矿质营养，并有利于微生物的活动。但连年重茬，使有机酸类过多积累于土壤中，造成花生自身中毒，根系不发达，植株矮小，分枝少，长势弱，易早衰。

（2）花生需氮、磷、钾等多种元素，特别对磷、钾需要量多，连年重茬，花生所需营养元素大量减少，影响正常生长，结果少，荚果小，产量低。

（3）土壤传播病虫害加重。如花生根结线虫病靠残留在土壤中的线虫传播；叶斑病主要是借菌丝和分生孢子在残留落叶上越冬，翌春侵染危害。重茬花生病虫危害严重，造成大幅减产。

（二）施足底肥

根据花生需肥特点和种植土壤特性及产量水平，应掌握有机肥为主，无机肥为辅，有机无机相结合的施肥原则，在增施有机肥的基础上，补施氮肥，增施磷、钾肥和微肥。春花生主要依靠底肥，施用量应占总施用量的80%～90%，所以要施足底肥，一般中产水平地块，可亩施有机肥2 000千克，过磷酸钙30～40千克，若能与有机肥混合沤制一段时期更好，碳酸氢铵20千克左右，以上几种肥料可结合起垄或开沟集中条施。高产地块，可亩施有机肥2 000～3 000千克，过磷酸钙40～50千克，碳酸氢铵30千克左右，采用集中与分散相结合的方法施用，即2/3在播前耕地时作基肥撒施，另1/3在起垄时集中沟施。

（三）选用良种、适时播种、确保全苗

1. 选用良种 良种是增产的内因，选用良种是增产的基础。在品种选用方面应根据市场需要、栽培方式、播期等因素合理选用优良品种类型和品种。

2. 播前晒种，分级粒选 播种前充分暴晒荚果，能打破种子休眠，提高生理活性，增加吸水能力，增强发芽势，提高发芽率。一般在播种前晒果2～3天，晒后剥壳，同时选粒大、饱满、大小一致、种皮鲜亮的籽粒作种，不可大小粒混合播种，以免形成大小苗共生，大苗欺小苗，造成减产。据试验，播种一级种仁的比播混合种仁的增产20%以上，播种二级种仁的比播混合种仁的增产10%以上。

3. 适期播种，提高播种质量 春花生播种期是否适时对产量影响较大。播种过早，影响花芽分化，而且出苗前遇低温阴雨天气，容易烂种；播种过晚，不能充分利用生长期，使有效花量减少，影响荚果发育，降低产量和品质。花生品种类型不同，发芽所需温度有所差别，珍珠豆型小花生要求5厘米地温稳定在15℃以上时播种。中原地区一般在谷雨至立夏即4月下旬至5月上旬为春花生适播期。在此期内要视当年气温、墒情适时播种。

播种时要注意合理密植，一般普通直立型大花生春播密度应掌握在 8 000～9 000 穴，每穴两粒。可采用挖穴点播、冲沟穴播或机械播种的方式，无论采用哪种播种方式，都要注意保证播种均匀，深浅一致，一般适宜深度为 5 厘米左右，播后根据墒情适当镇压。

（四）田间管理

田间管理的任务是根据花生不同生长发育阶段的特点和要求，采取相应的有效措施，为花生长创造良好的环境条件，促使其协调一致地生长，从而获得理想的产量。

1. 查苗补种 一般在播后 10～15 天进行，发现缺苗，及时进行催芽补种，力争短期内完成。也可在花生播种时，在地边地头或行间同时播种一些预备苗，在花生出土后，真叶展开之前移苗补种，移苗时要代土移栽，注意少伤根，并在穴里少施些肥和灌些水，促其迅速生长，赶上正长植株。

2. 清棵 清棵就是在花生出苗后把周围的土扒开，促子叶露出地面。清棵增产的原因有以下几点：一是解放了第一对侧枝，使第一对侧枝早发长出，直接受光照射，节间短粗，有利于第二级分枝和基部花芽分化，提早开花，多结饱果，并能促使有效花增多，开花集中。二是能够促进根系下扎，增加耐旱能力。三是能清除护根草，减轻蚜虫危害，保证幼苗正常发育。清棵一般在齐苗后进行，不可过早，也不宜过晚。方法是在齐苗后用小锄浅锄一次，同时扒去半出土的叶子周围的土，让子叶刚露出地面为好。注意不要损伤子叶，不能清得过深，对已全部露出子叶的植株也可不清，在清棵后15～20天，结合中耕还应进行封窝，但不要埋苗。

3. 中耕除草培土 花生田中耕能疏松表土，改善表土层的水肥气热状况，促进根系与根瘤的生长发育，并能清除杂草和减轻病虫危害，总的要求是土松无草。一般需中耕3～4次，各地群众有头遍刮、二遍挖、三遍四遍如绣花的中耕经验，即第一次在齐苗后结合清棵进行，需浅中耕，可增温保墒，注意不要压苗。第二次在清棵后15～20天结合封窝进行，这时第一对侧枝已长出地面，要深锄细锄，行间深，穴间浅，对清棵的植株进行封窝，但不要压枝埋枝。这次中耕也是灭草的关键，注意根除杂草。第三、第四次在果针入土前或刚入土时，要浅锄细锄，不要伤果针，使土壤细碎疏松，为花生下针结果创造适宜条件。

起垄栽培的花生田还要注意进行培土，适时培土能缩短果针与地面的距离，促果针入土，增加结实率和饱果率，同时还有松土、锄草、防涝减少烂果作用。注意培土早了易埋基部花节，晚了会碰伤果针和出现露头青果，一般在开花后15～20天封垄前的雨后或阴天进行为宜。方法是在锄钩上套个草圈，在行间倒退深锄猛拉，将土壅于花生根茎部，使行间成小沟。培土时应小心细致，防止松动或碰伤已入土的果针。

4. 追肥与根外喷肥 苗期始花期苗情追施少量氮肥促苗，一般亩施硫铵5千克左右，开花后花生对养分需要剧增，根据花生果针、幼果有直接吸收磷、钙元素的特点，高产田块或底肥不足田块，在盛花期前可亩追施硫酸钙肥30～35千克，以增加结果层的钙素营养。花生叶片吸肥能力较强，盛花期后可叶面喷施2%～3%的过磷酸钙澄清液，或0.2%的磷酸二氢钾液，每亩每次50千克左右，可10天1次，连喷2～3次。同时还要注意喷施多元素复合微肥。

5. 合理灌排 花生是一种需水较多的作物，总的趋势是“两头少、中间多”，根据花生的需水规律，结合天气、墒情、植株生长情况进行适时灌排。如底墒充足，苗期一般不浇水，从开花到结果，需水量最多，占全生育期需水量的50%～60%。此期如遇干旱应及时灌水，要小水细浇，最好应用喷灌。另外，花生还具有“喜涝天，不喜涝地”和“地干不扎针，地湿不鼓粒”的特点，开花下针期正值雨季，如遇雨过多，容易引起茎叶徒长，土壤水分过多通气不良，也影响根系和荚果的正常发育，从而降低产量和品质，因此，还应注意排涝。

6. 合理应用生长调节剂 花生要高产必须增施肥料和增加种植密度，在高产栽培条件下，如遇高温多雨季节，茎叶极易徒长，形成主茎长，侧枝短而细弱，田间郁闭而倒伏造成减产。所以在高水肥条件下应注意合理应用植物生长调节剂来控制徒长，可避免营养浪费，使养分尽可能地多向果实中转化，从而提高产量。该措施也是花生高产的关键措施之一，防止花生徒长较好的植物生长调节剂是“花生矮丰”（即硝钠·萘乙酸加矮壮素），喷施时间相当重要，据试验，适宜的喷施时间是盛花期，因为，此期茎蔓生长比较旺盛，荚果发育也有一定基础，喷施后能起到控上促下的作用。一般在始花后30～35天，可亩用“花生矮丰”50克加水25～40千克，喷施于顶叶，以控制田间过早郁闭，促进光和产物转化速率，提高结荚率和饱果率。注意植物调节剂在使用时要严格掌握浓度，干旱年份还可适当降低使用浓度，干旱年份可以降低浓度；一次高浓度使用不如分次低浓度使用；在晴朗天气时施用效果较好。

（五）收获与贮藏

花生是无限开花习性，荚果不可能同时成熟，故收获之时荚果有饱有秕。花生收获早晚和产量及品质有直接关系，收获过早，产量低，油分少，品质差；而收获过晚，果轻，落果多，损失大，休眠期短的品种易发芽，且低温下荚果难干燥，入仓后易发霉，另外也影响下茬作物种植。一般花生成熟的标致是地上植株长相衰退，生长停滞，顶端停止生长，上部叶片的感液运动不灵敏或消失，中下部叶片脱落，茎枝黄绿色，多数荚果充实饱满，珍珠豆型早熟品种的饱果指数达75％以上；中间型早中熟大果品种的饱果指数达65%以上；普通型中熟品种的饱果指数达45%以上。大部分荚果网纹清晰，种皮变薄，种粒饱满呈现原品种颜色。黄淮海农区一般在9月中旬收获，一些晚熟品种可适当晚收，但当日平均气温在12℃以下时，植株已停止生长，而且茎枝很快枯衰，应立即收获。

收获花生劳动强度大，用工较多，推行机械收获是目前花生生产上急需解决的问题。根据土壤墒情，质地和田块大小及品种类型等不同，目前有拔收、刨收和犁收等方法。不论采取哪种收获方法，在土壤适耕性良好时进行较好，土壤干燥时易结块，抖土困难，增加落果。

花生收获后如气温较高随即晾晒，有条件的可就地果向上，叶向下晒，摇果有响声时摘果再晒。待荚果含水率在10%以下，种仁含水率在9%以下时，选择通风干燥处安全贮藏。

二、麦套夏花生栽培技术要点

麦垄套种花生，可以充分利用生长季节，提高复种指数，达到粮油双丰收。近些年来，随着生产条件的改善，生产技术水平的提高和人均耕地的减少，麦套种植方式在花生主要产区发展很快，已成为花生主要种植方式，如何提高其产量，应根据麦套花生的特点，抓好以下几项栽培措施：

1. 精选良种 根据麦垄套种的特点，麦垄套种种植应选用早中熟直立型品种，并精选饱满一致的籽粒做种，使之生长势强，为一播全苗打好基础。

2. 适时套播，合理密植 适时套播，合理密植可充分利用地力、肥力、光能资源，协调个体群体发育，达到高产。一般夏播品种每亩穴数以9 000～10 000穴为宜。单一种植花生以40厘米等行距，17～18厘米穴距，每穴2粒。一般麦垄套种时间应在麦收前15天左右，麦套花生播种后正是小麦需水较多的时期，此时田间对水分的竞争比较激烈，应注意保证足墒，也可采取先播后浇的方法，争取足墒全苗。

3. 及早中耕，根除草荒 花生属半子叶出土的作物，及早中耕能促进个体发育，促第一、第二侧枝早发育，提高饱果率。特别是麦套花生，麦收后土壤散墒较快，易形成板结，不及早中耕，蔓直立上长，影响第一、第二对侧枝发育，所以麦收后应随即突击中耕灭茬、松土保墒、清棵除草。花生后期发生草荒对产量影响较大，且不易清除，所以要注意在前期根除杂草。严重的地块可选用适当的除草剂进行化学防治。可在杂草三叶前亩用10.8%的高效盖草能25～35毫升对水50千克喷洒。

4. 增施肥料，配方施肥，应用叶面喷肥 增施肥料是麦套花生增产的基础。施肥原则是在适当补充氮肥的基础上重施磷肥、钙肥及微肥，在中后期还应视情况喷施生长调节剂。一般地块在始花期每亩施用10～15千克尿素和40～50千克过磷酸钙，高产地块还应增施10～20千克硫酸钙。在此基础上，中后期还应叶面喷施微肥和生长调节剂，以防叶片发黄、过早脱落和后期疯长。施用植物生长调节剂可参照春花生栽培技术要点。

5. 合理灌水和培土 根据土壤墒情和花生需水规律，在开花到结荚期注意灌水。麦垄套种花生多为平畦种植，所以在初花期结合追肥中耕适当进行培土起小垄，增产效果较好，但要注意不要埋压花生生长点。

6. 适时收获，安全贮藏 气温降到12℃以下，在植株呈现出衰老现象，顶端停止生长，上部叶片变黄，中下部叶片脱落，地下多数荚果成熟，具有本品种特征时，即可收获。随收随晒，使含水量在10%以下，贮藏在干燥通风处，以防霉变。

第七讲
甘蓝栽培实用技术要点

一、早春甘蓝栽培技术要点

甘蓝是春季蔬菜主要品种之一，它栽培管理容易、产量高、耐贮耐运、填补春淡，经济效益高。

1. 选择适宜品种 中原地区早春甘蓝一般在4月底或5月初上市，从3月中旬定植到收获仅有50天的时间。因此，要选择具有冬性较强、早熟丰产性好的品种。

2. 阳畦育苗 早春甘蓝在元月上中旬育苗，一般采用阳畦育苗。每亩用种75～100克，需播种苗床5～6米^2。播种后，白天温度掌握在20～25℃，出苗后白天温度降至18～20℃，夜间6～8℃。当长出3片真叶时按8厘米×8厘米进行分苗，分苗后的4～5天，白天温度25℃左右，以利于缓苗。缓苗后温度降至15～20℃，夜间不低于8℃，定植前一周，浇水切块，并降温炼苗。壮苗标准是：叶丛紧凑，节间短，具有5～6片真叶，大小均匀，外茎较短，根系发达。

3. 适期定植，合理密植 当日平均气温在6℃以上时，即可定植，一般在3月中旬，采用地膜覆盖可提早2～3天。由于早熟品种株型紧凑，可适当密植。一般地力条件下，亩密度4 000株左右。

4. 加强田间管理 定植后，由于早春地温低，除浇好缓苗水外，一般不多浇水，以中耕保墒为主，促进根系发育。开始结球前水量宜小，次数宜少。进入结球期后，为促使叶球迅速增大，浇水量要加大，次数增多。但浇水忌漫灌。结球紧实后，在收获前一周停止浇水，以防叶球开裂。追肥多用速效氮肥。一般在定植后，莲座期，结球前期进行。

5. 防治害虫 早春甘蓝病害很少，主要是以菜青虫为主的害虫。防治上应抓一个“早”字，及时用药，把虫害消灭在三龄以前。

二、夏甘蓝栽培技术要点

夏甘蓝于春季或初夏播种育苗，夏季或初秋收获，用以调节夏秋蔬菜供应，其生长的中后期正值高温多雨或高温干旱季节，不利于生长结球，叶球易裂开腐烂，且易遭病虫危害。生产上必须掌握以下几点措施。

1. 选用品种 选用耐热、耐涝、早熟、丰产的优良品种。

2. 适期分批播种，培育优质壮苗 为调节淡季供应，在适宜季节内要分批播种。从3月中旬到5月下旬均可，前期采用阳畦或风障育苗，后期采用遮阴育苗，促使苗齐、苗壮，苗龄30～35天，幼苗达3～5片叶时定植。

3. 防旱排涝，合理密植 选地势较高、空旷通风、排灌方便的地块种植。行株距50厘米×35厘米，亩栽苗3 500～4 000株。定植最好选阴天或晴天下午进行，并及时浇缓苗水。

4. 巧用肥水，确保丰收 夏甘蓝生长期内不用蹲苗，肥水早促，以促到底。分别于缓苗后、莲座期、结球初期和中期进行3～4次追肥，以速效氮肥为主。经常保持地面湿润，并注意雨后及时排水，使植株健壮生长。同时注意及时防治软腐病、黑腐病、菜青虫和蚜虫。为防高温裂球腐烂，要及时采收。

三、秋甘蓝栽培技术要点

秋甘蓝多于夏秋播种，年内收获，产品可贮藏供应春淡季，其栽培季节的气候最适宜甘蓝的生育要求，易获得优质高产。

1. 选用良种 选用抗寒、结球紧实、耐贮、生长期长的中晚熟品种如京丰1号、秋丰、晚丰等。

2. 适期播种，培育壮苗 由于各地气候和选用品种不同，播期有很大差别。一般按品种生长期限长短，以当地收获期为准向前推算适宜的播期，中原地区选用中晚熟品种，多于6～7月播种育苗。

秋甘蓝播种期正值高温多雨的夏季，要选择地势高燥、排水良好的地块，可采用秸秆覆盖遮阴，防高温和雨水冲刷，以利齐苗，亩用种量75～

100 克。

幼苗 3～4 片叶时进行移栽，苗龄 40～45 天，幼苗 6～8 片叶时定植。

3. 合理密植，保证全苗 栽植密度因品种而异，中早熟品种 50 厘米×35 厘米，亩栽苗 3 500～4 000 株。晚熟品种行株 60 厘米×45 厘米，亩栽苗 2 000～2 500 株。起苗尽量多带土少伤根，选阴天或晴天傍晚定植，适当浅栽，早浇缓苗水，以利缓苗。若发现缺苗，应及时补栽，保证全苗。

4. 精细管理，优质高产 定植后气温尚高，不利植株生长，随气温下降，植株生长加快，要求肥水供应充足。莲座后期适度蹲苗，促使叶球分化。结球期需肥水量大，以速效氮肥为主，适当配合磷钾肥，以利叶球充实。追肥适期一般在缓苗后、莲座期、结球前期和中期，结球期保持地面湿润，收获前 7～10 天停止浇水。

四、越冬甘蓝栽培技术要点

1. 选用专用品种 越冬甘蓝对品种选择性较强，必须选用耐寒性极强的品种才能种植成功。

2. 严格掌握播种期，适时育苗定植 越冬甘蓝播期过早，冬前植株大，春季容易抽薹减产；播种过晚，冬前植株小，冬季容易冻死，造成缺苗减产。各地应根据当地气候条件确定适宜播期，在黄河下游流域大株越冬翌年 2～3 月采收上市的，一般在 8 月下旬至 9 月初播种育苗，10 月 1 日前定植；小株越冬翌年 4～5 月采收上市的，一般在 10 月 1～15 日播种育苗，11 月中下旬定植。后一种栽培方式若在 2 月初覆盖地膜，也可提早到 3 月上市。

3. 合理密植 一般单一种植 50 厘米等行距，株距 35 厘米左右，亩种植 3 500～4 000 株。与其他作物间套，根据情况而定。

4. 田间管理 定植前精细整地，施足基肥；选大小一致的苗定植在一起；定植后随即灌水，利于返苗；封冻前遇旱及时灌水，防止冻害；早春及早加强肥水管理，争取早发早长。

5. 适时收获 越冬甘蓝收获过早叶球小，产量低；收获过晚叶球易开裂抽薹降低品质。应根据市场行情及时收获上市。

第八讲
大白菜栽培实用技术要点

一、反季节大白菜栽培技术要点

随着人民生活水平的提高，反季节大白菜市场空间越来越大，加上生产季节短，种植经济效益较高，近年来发展很快。反季节大白菜在中原地区一般有两个栽培季节：即春播大白菜和夏播抗热早熟大白菜，其栽培技术要点如下。

（一）春播大白菜栽培技术

春季气温由冷到热，日照由短到长，月均温度10～22℃的时间很短，适宜白菜生殖生长，很易未熟抽薹。必须采取针对措施，防止未熟抽薹，促进结球。

1. 选用适宜品种 春季栽培要选用早熟、对低温感应迟钝而花芽分化缓慢的品种，如小杂 56、天津青麻叶或进口品种春大王、春大强、四季王等。

2. 适期播种，适温育苗 为避免大白菜在2～12℃温度内完成春化过程，尽量把幼苗安排在12℃以上的季节。黄河流域一般在 3 月 10～15 日播种育苗。生产上可采用温室或阳畦育苗，保持苗期温度在 15℃以上，苗龄 30～35 天。

3. 及时定植，密植高产 在温度稳定通过8～10℃时，大白菜可定植于露地，黄河流域一般在4月5～15日为定植适期。春播大白菜个体小，生长快，叶球小，生长期内又要拔除一些抽薹植株，因此必须密植栽培才能高产。一般栽培行株距为33厘米见方，每亩保证苗数6 000株左右。

4. 以促为主，肥水齐攻 春播白菜栽培中，要促进营养生长和抑制未熟抽薹，不进行蹲苗。以速效氮肥作基肥和追肥，结合生长阶段追肥2～3次。前期尽量少浇水、浇小水，以免降低地温，中后期要保持土壤湿润，重点掌握用肥水促进营养生长，压倒生殖生长，使之在未抽薹之前形成坚实的叶球。

5. 及时防治病虫害虫 注意及时防治霜霉和软腐病，并注意及时防治蚜虫、小地老虎和菜青虫等害虫。

（二）夏播抗热早熟大白菜栽培技术要点

夏播抗热早熟大白菜是在夏末播种，中秋收获的一茬大白菜。其特点是生育期短，包心早，上心快，填补淡季，经济效益高。但由于其生长前期处于高温高湿的夏末秋初的季节，病虫害较为严重，因此栽培要点是以促为主，防治病虫。

1. 选择抗病耐热早熟的品种 根据栽培季节和栽培目的，应选择抗热耐病生育期50～60天的大白菜品种。

2. 重施基肥，精耕细作 可亩施优质有机肥

3 000～4 000 千克，其高垄栽培，一般垄高 10～20 厘米，垄宽 60～65 厘米。

3. 适期播种，合理密植　夏播抗热早熟大白菜适宜播期为 7 月中下旬。直播或育苗移栽。育苗移栽苗龄不超过 20 天，应带土坨定植。种植密度每亩 2 600～4 000 株。

4. 科学管理　夏播抗热早熟大白菜生育期短，管理原则上以促为主。在定苗后轻施一次提苗肥，亩施尿素 7～10 千克，包心前期亩施沼液 800～1 000千克或尿素 20～25 千克，包心中期亩施硫酸铵 25 千克。不蹲苗，一促到底。出苗后小水勤浇，防止高温病害。莲座期加大浇水量，促进莲座叶的迅速形成，是获得高产的关键。

5. 以防为主，防病治虫　夏播抗热早熟大白菜主要的病害是软腐病和霜霉病。在病害防治上应以防为主。从出苗开始，每 7～10 天喷 1 次杀菌剂，发现软腐病株及时拔除，病穴用生石灰处理灭菌。虫害主要是以菜青虫、小菜蛾和蚜虫为主。在防治上应抓一个“早”字，及时用药，把虫害消灭在三龄以前。收获前 10 天停止用药。

6. 收获　夏播抗热早熟大白菜可根据市场行情，于 10 月上旬陆续上市。一般亩产 3 000～4 000千克。

二、秋季大白菜栽培技术要点

秋冬季大白菜栽培是大白菜栽培的主要茬次，

于初冬收获，贮藏供冬春食用，素有“一季栽培，半年供应”的说法。秋冬季大白菜栽培应针对不同的天气状况，采取有效措施，全面提高管理水平，控制或减轻病害发生，实现连年稳产、高产。

1. 整地 种大白菜地要深耕20～27厘米，然后把土地敲碎整平，作成1.3～1.7米宽的平畦或间距56～60厘米窄畦、高畦。

2. 重施基肥 大白菜生长期长，生长量大，需要大量肥效长而且能加强土壤保肥力的农家肥料。北方有“亩产万斤菜，亩施万斤肥”之说。在重施基肥的基础上，将氮磷钾搭配好。一般每亩施过磷酸钙25～30千克、草木灰100千克。基肥施入后，结合耕耙使基肥与土壤混合均匀。

3. 播种 采用高畦（垄）栽培。采用高畦灌溉方便，排水便利，行间通风透光好，能减轻大白菜霜毒病和软腐病的发生。高畦的距离为56～60厘米，畦高30～40厘米。大白菜的株距，一般早熟品种为33厘米，晚熟品种为50厘米。

采用育苗移栽方式，既能更合理地安排茬口，又能延长大白菜前作的收获期，而又不延误大白菜的生长。同时，集中育苗也便于苗期管理，合理安排劳动力，还可节约用种量。移栽最好选择阴天或晴天傍晚进行。为了提高成活率，最好采用小苗带土移栽，栽后浇上定根水。不过另一方面，育苗移栽比较费工，栽苗后又需要有缓苗期，这就耽误了植株的生长，而且移栽时根部容易受伤，会导致苗期软腐病的发生。

4. 田间管理

（1）中耕、培土、除草。结合间苗进行中耕3次，分别在第二次间苗后、定苗后和莲座中期进行。中耕按照“头锄浅、二锄深、三锄不伤根”的原则进行。高垄栽培的还要遵循“深耪沟、浅耪背”的原则，结合中耕进行除草培土。培土就是将锄松的沟土培于垄侧和垄面，以利于保护根系，并使沟路畅通，便于排灌。

（2）追肥。大白菜定植成活后，就可开始追肥。每隔3～4天追1次15%的腐熟人粪尿，每亩用量500千克。看天气和土壤干湿情况，将人粪尿兑水施用，大白菜进入莲座期应增加追肥浓度，通常每隔5～7天，追一次30%的腐熟人粪尿，每亩用量1 000千克。开始包心后，重施追肥并增施钾肥是增产的必要措施。每亩可施50%的腐熟人粪2 000千克，并开沟追施草木灰100千克，或硫酸钾10～15千克。这次施肥叫“灌心肥”。植株封行后，一般不再追肥。如果基肥不足，可在行间酌情施尿素。

（3）中耕培土。为了便于追肥，前期要松土，除草2～3次。特别是久雨转晴之后，应及时中耕炕地，促进根系生长。

（4）灌溉。大白菜播种后采取“三水齐苗，五水定棵”，小水勤浇的方法，以降低地温，促进根系发育。大白菜苗期应轻浇勤泼保湿润；莲座期间断性浇灌，见干见湿，适当练苗；结球时对水分要求较高，土壤干燥时可采用沟灌。灌水时应在傍晚或夜间地温降低后进行。要缓慢灌入，切忌满畦。水渗入土壤后，应及时排出余水。做到沟内不积水，畦面不见水，根系不缺水。一般来说，从莲座期结束后至结球中期，保持土壤湿润是争取大白菜丰产的关键之一。

（5）束叶和覆盖。大白菜的包心结球是它生长发育的必然规律，不需要束叶。但晚熟品种如遇严寒，为了促进结球良好，延迟采收供应，小雪后把外叶扶起来，用稻草绑好，并在上面盖上一层稻草或农用薄膜，能保护心叶免受冻害，还具有软化作用。

5. 病虫害防治 大白菜主要病害有病毒病、霜霉病、白斑病、软腐病。苗期浇降温水防治病毒病；用40%乙膦铝300倍液、70%代森锰锌500倍液防治霜霉病；用25%多菌灵500倍液或70%代森锰锌防治白斑病，用150毫升/升硫酸链霉素防治软腐病。

大白菜主要害虫有黄曲条跳虫甲、蚜虫、菜青虫、甘蓝夜盗虫、地蛆等。在幼苗出土时，及时打药防治跳虫甲为害，每公顷用120～150千克除虫精粉或90%敌百虫100倍液。幼苗期注意防治蚜虫，用40%的乐果乳剂2 500倍液防治。在大白菜生育期，还应注意防治菜青虫和甘蓝夜盗虫。在3龄前可用Bt乳剂，每公顷用3～4.5千克，加水

750千克，每7天喷1次，连喷2次。或用敌杀死、速灭杀丁1 500倍液进行防治。8月下旬至9月初用100倍敌百虫液灌根1～2次灭蛆。收获前要注意天气回暖，蚜虫易发生，一旦发生要快速消灭。

秋大白菜生长时间长，可分别在幼苗期和结球期叶面喷洒0.01%芸薹素481，可以显著增产。

第九讲 胡萝卜栽培实用技术要点

胡萝卜是伞形科胡萝卜属的二年生蔬菜，原产于中亚细亚，在元朝时传入我国。它适应性强，生长健壮，病虫害少，管理省工，且耐贮藏运输，供应期长。在胡萝卜的肥大肉质根中富含胡萝卜素和糖分，营养价值高，其味甜美，除煮食外，也可鲜食、炒食和腌渍，还可制干及罐藏外运销售。另外，叶和肉质根也是良好的饲料。

一、类型与品种

胡萝卜肉质根形状上的变异虽没有萝卜那样大，但肉质根的色泽却是多种多样的，有红、黄、白、橙黄、紫红和黄白色等数种，肉质根红色愈浓的含胡萝卜素愈多，红色胡萝卜比黄色胡萝卜中胡萝卜素的含量多10倍以上，而在白色胡萝卜中则缺乏胡萝卜素。生产上应选择肉质根肥大、外皮肉层及中心皆为红色，且心柱较细、产量高、抗病性强的品种。

二、栽培季节与适宜播期

由于胡萝卜有营养生长期长，幼苗生长缓慢且耐热，肉质根喜冷凉而又耐寒的特性，所以可比萝卜提早播种和延迟收获。生产上一般分春、秋两季栽培，以秋季为主。秋季生产一般在 7 月播种，11 月上、中旬封冻前收获完毕；为了调节市场供应，胡萝卜也可以进行春播夏收，春播须选用抽薹晚、耐热性强、生长期短的品种，根据胡萝卜种子发芽最低温度要求 4～8℃，一般在平均气温 7℃时进行春播。

三、土壤的选择与整地作畦

栽培胡萝卜应选择在富含有机质、土层深厚、松软、排水良好的沙壤土或壤土上种植，应尽可能不要连作。夏、秋栽培多利用小麦、大蒜、洋葱、春甘蓝等茬地，于前作收获后耕翻晒垡备用。胡萝卜苗期长，幼苗生长缓慢，肉质根入土深，吸收根分布也较深；同时种子小、发芽困难。所以除深耕，促使土壤疏松外，表土还要细碎、平整。结合深耕及时施入基肥，胡萝卜的施肥应掌握基肥为主，追肥为辅的原则，并且必须用充分腐熟的有机肥料，否则歧根增多，影响品质与产量。一般要亩施入沼渣 2 500 千克或腐熟粪肥 2 500 千克或厩肥 4 000 千克。另外根据情况还可施入少量氮、磷、钾速效化肥。

胡萝卜通常采用平畦栽培，一般畦宽 1～2 米，畦长可根据土地平整情况和浇水条件灵活掌握，以便于管理为原则。如果变平畦为小高垄栽培，可以显著提高产量和改善产品品质。

四、播种

由于胡萝卜种子外皮为革质且厚，含挥发性油，又有刺毛，一般播后表现为吸水和透气性差，胚小长势弱，发芽慢，发芽率低。为了保证胡萝卜出土整齐和苗全，需要采取相应的措施：首先注意种子质量和发芽率，播前先作发芽试验，以确定合理的播种量；其二在播种前搓去种子上的刺毛，以利吸水和匀播；其三采用浸种催芽的方法，即在播种前7～10天将带刺毛的种子用40℃水泡2小时，而后淋去水，放在20～25℃条件下催芽，催芽过程中还要保持适宜的湿度；定期搅拌种子，使温、湿均匀，当大部分种子的胚根露出种皮时即可播种，浸种催芽可以早出苗4天左右。

胡萝卜可以采用条播或撒播。条播行距为16～20厘米，播种深度在2厘米左右，每亩用种量0.75千克。撒播时，通常将种子混以3～4倍细土，均匀播下，浅锄或覆土后加以镇压。每亩用种量的需2.5千克。催芽的种子播后若温度条件适宜，经10天左右即可出土。

五、田间管理

1. 喷除草剂 胡萝卜苗期生长缓慢，从播种至5～6叶需要1个多月时间，易滋生杂草，除草困难，常形成草荒。因此，在播后及时喷施除草剂进行化学除草是主要高产措施之一，否则在严重的杂草竞争下，将减产 30%～60%。一般在播后苗前进行，可施用扑草净、农思它、恶草灵等除草剂除草。

2. 间苗、中耕 胡萝卜第一次间苗在 1～2 片真叶时进行，留苗距 12～14 厘米。间苗可与除草、划锄中耕同时进行。胡萝卜的须根主要分布在 6～10 厘米深的土层中，中耕不宜过深，每次中耕时，特别是后期，应该注意培土，最后一次中耕在封垄前进行，并将细土培至根头部，以防根头膨大后露出地面，皮色变绿影响品质。

3. 灌溉与追肥 播种后，如果天气干旱或土壤干燥，可以适当浇水。从播种到真叶露心需10～15 天，不仅发芽慢，而且对发芽条件的要求也较其他根菜类严格。因此，从播种到苗出齐应连续浇 2～3 次水，经常保持土壤湿润。如果多雨季节应根据降水情况决定是否浇水，幼苗期需水量不大，不宜过多浇水，以利蹲苗，防徒长；肉质根膨大时，需水量增加，应保持田间湿润，但不要大水漫灌。从定苗到收获，一般进行 2～3 次追肥。第一次在定苗前后施用，以后每隔 20 天左右追肥一次，连追 2 次。由于胡萝卜对土壤溶液浓度很敏感，追肥量宜少，最好结合浇水时进行，一般每亩每次用沼液 150～200 千克，或硫酸铵 7～8 千克，并适当增施钾肥。生长后期不可水肥过多，否则易导致裂根，也不利于贮藏。

4. 收获 胡萝卜肉质根的形成，主要是在生长后期，越接近成熟，肉质根的颜色越深，甜味增加，粗纤维和淀粉逐渐减少，品质柔嫩，营养价值增高。所以，胡萝卜宜在肉质根充分膨大成熟时收获。过早则达不到理想的产量和品质，一般在10月中、下旬。收获也不宜过晚，以免肉质根受冻，不耐贮藏。

第十讲 油菜栽培实用技术要点

油菜是主要油料作物之一，我国油菜种植面积和总产量超过世界总产量的1/4，面积稳定在700万～800万公顷。菜籽油是良好的食用油，饼粕可作肥料、精饲料和食用蛋白质的来源。油菜还是一种开荒作物，它对提高土壤肥力，增加下茬作物的产量有很大作用。所以说油菜作物在生态农业发展中具有重要作用。

一、油菜的类型

油菜属十字花科芸薹属越年生植物。从植株形态特点来看，可分为以下三种类型：

1. 白菜型　该类型称小油菜或甜油菜。植株矮小，幼苗生长较快，须根多，基叶椭圆、卵圆或长卵型，叶上具有多刺毛或少刺毛，被蜡粉或不被蜡粉，抱茎而生；分枝少或中等，花大小不齐，花瓣两侧相互重叠，自交结实性很低。该类型生育期短，成熟较早，耐瘠薄，抗病力弱，生产潜力小，稳产性较差。又分北方小油菜和南方油白菜两种类型。

2. 芥菜型　该类型统称高油菜、苦油菜、辣油菜或大油菜。植株高大，株型松散，分枝纤细，分枝部位高，分枝多，主茎发达。幼苗基部叶片小而窄狭，披针形，有明显的叶柄，叶面皱缩，具有刺毛和蜡粉，叶缘一般呈琴状，并有明显的锯齿，花小，花瓣不重叠，千粒重1～2克。种子有辛辣味。该类型油分品质较差，不耐藏，生育期较长，产量低，但抗旱耐瘠性较强。

3. 甘蓝型 该类型又称洋油菜，来自欧洲和日本。株型高大或中等，根系发达，茎叶椭圆，不具琴状缺刻，伸长茎叶有明显缺刻，薹茎叶半抱茎着生。叶色似甘蓝，多被蜡粉。千粒重3～4克，含油量高。该类型抗霜霉病力强，耐寒、耐湿、耐肥，产量高而稳，增产潜力较大。目前生产上种植较多。

二、油菜高产栽培要点

（一）油菜产量构成因子分析

油菜产量由单位面积上的角果数、角果粒数和粒重三个因子所构成，一般单位面积角果数变化最大，多在50%左右；角果粒数变化次之，在10%左右；粒重变化最小，多在5%左右。因此，单位面积角果数的变化是左右产量的主要因素。大量调查数据表明，一般亩产150千克油菜籽的产量结构是；中晚熟品种每亩角果数为300万～350万个；每角粒数为17～19粒；千粒重3克左右，亩产1千克籽粒需2万～2.2万个角果。在中低产田，应主攻角果数；在高产和更高水平田块，则应主攻果粒数和粒重。

（二）合理轮作，精细整地

1. 栽培制度 根据油菜常异花授粉的特点，它本身不宜连作，也不易与十字花科轮作，否则都能加重病虫害，必须实行2～3年的轮作倒茬，才能保证优质高产。

我国冬油菜区主要栽培制度及轮作方式有以下几种：

（1）水稻、油菜两熟。包括中稻—冬油菜两熟和晚稻—冬油菜两熟。

（2）双季稻、油菜三熟。油菜播种与晚稻收割有季节矛盾，必须采取育苗移栽，并且在晚稻生长后期既搞好排水，以利油菜整地移栽。晚稻应选用较早熟品种。

（3）一水两旱三熟制。即早稻—秋大豆—冬油菜；早稻—秋绿肥—冬油菜。

（4）油菜与其他旱作物一年两熟。有冬油菜—夏玉米—冬小麦—夏玉米；冬油菜—夏棉花（大豆、芝麻、花生、烟叶、甘薯）—冬小麦。这种栽培制度主要在黄淮平原区。

（5）春棉（烟草，旱粮）、油菜两熟制。油菜一般采用育苗移栽。

2. 深耕整地 油菜根系发达，主根长，入土深，分布广，要求土层深厚，疏松肥沃，通气良好。耕翻时间越早越好，措施和同期播种作物大致一样，通过精细整地，使土壤细碎平实，利于油菜种子出苗和幼苗发育；使油菜根系充分向纵深发展，扩大根系对土壤养分的吸收范围，促进植株发育；同时还有利于蓄水保墒，减轻病虫草害。

（三）科学施肥

1. 油菜的需肥规律 油菜吸肥力强，但养分还田多，所吸收的80%以上养分以落叶、落花、残茬和饼粕形式还田。优质油菜在营养生理上又具有对氮、钾需要量大，对磷、硼反应敏感的特点。油菜苗期到蕾薹期是需肥重要时期；蕾薹期到始花期是需肥最高时期；终花以后吸收肥料较少。据测定，每生产100千克籽粒需从土壤中吸收纯氮9～11千克、磷3～3.9千克、钾8.5～10.1千克，其氮磷钾比例为1∶0.35∶0.95。

2. 施肥技术 油菜是需肥较多，耐肥较强的作物。油菜施肥要以“有机与无机相结合；基肥与追肥相结合”为原则，要重施基肥，一般有机肥与磷钾肥全部底施，氮肥基肥比例占60%～70%，追肥占30%～40%。底肥可亩施有机肥2 000千克，碳铵20～25千克，过磷酸钙25千克，氯化钾10～15千克。生产上要促进冬前发棵稳长，蕾花期追好蕾花肥，巧施花果肥。油菜对硼肥比较敏感，必须施用硼肥，土壤有效硼在0.5毫克/千克以上的适硼区，可亩底施0.75千克硼砂；含硼0.2毫克/千克以下的严重缺硼区，可亩底施1千克硼砂。此外，每亩用0.05～0.1千克硼砂或0.05～0.07千克硼酸，兑入少量水溶化后，再加入50～60千克水，在中后期喷洒2～3次增产效果明显。

(四) 适期早播，培育壮苗

1. 适播期的确定 冬油菜适期早播，可利用冬前生长期促苗长根、发叶，根茎增粗，积累较多的营养物质，实现壮苗越冬，春季早发稳长，稳产增收。播种晚，冬前生长时间短，叶片少，根量小，所积累干物质少，抗逆性差，越冬死苗严重，春后枝叶数量少，角果及角粒数少。但播种过早，根茎糠老，抗逆性差，也不利于高产。油菜的适播期应在5厘米地温稳定15～20℃时，一般比当地小麦适播期提前15～20天。黄淮区直播在9月下旬，育苗移栽在9月上旬。

2. 合理密植 油菜直播一般采用耧播，也有采用开沟溜籽和开穴点播。直播量一般每亩0.4～0.5千克。常采用宽窄行种植，宽行60～70厘米，窄行30厘米，播深2～3厘米为宜。出苗后及时疏疙瘩苗，1～3叶间苗1～2次，4～5叶定苗，每亩留苗1.1万～1.5万株。

育苗移栽是油菜高产的一项基本措施，也是延长上茬作物收获期的一项措施。一般在10月中下旬移栽。经7天左右的缓苗期，缓苗后冬前再长20～30天，长出4～5片叶，营养体面积可达到移栽前的状态。

苗床与大田面积一般为 1∶5，苗床每亩留苗 8 万～10 万株。移栽壮苗标准为：苗龄 40～50 天，绿叶 7～8 片，苗高 26～30 厘米，根茎粗 0.5 厘米以上；长势健壮，根系发达，紧凑敦实，无病虫，无高脚。移栽时做到“三要”“三边”和“四栽四不栽”，即行要栽植，根要栽稳，棵要栽正；边起苗，边移栽，边浇定植水；大小苗分栽不混栽，栽新苗不栽隔夜苗，栽直根苗不栽钩根苗，栽紧根苗不栽吊根苗（根不悬空，土要压实）。

（五）灌溉与排水

油菜是需水较多的作物。据测定，油菜全生育期需水量一般在 300～500 毫升，折合每亩田块需水 200～300 米^3，多于玉米、甘蔗等作物。油菜种植季节在秋冬春季，一般降雨偏少、土壤干旱，不利于油菜高产，因此要浇好底墒水；灵活灌苗水；适时灌冬水；灌好蕾薹水；稳浇开花水；补灌角果水。特别是薹期和花期是需水最多的时期，应注意灌水。南方春雨多的地区应清沟排水，降低水位，防止渍害。

（六）田间管理

1. 秋冬管理　主攻目标：壮而不旺，安全越冬，为来年春季早发奠定基础。

2. 春季管理　当气温回升到 3℃以上时，及时中耕管理，到抽薹期再中耕一次，同时少培土。返青期后加强肥水管理，后期加强叶面喷肥。同时及时防治病虫害。

（七）适时收获

油菜为无限花序，角果成熟不一致，应及时收获，以全株和全田 70%～80%角果呈淡黄色时收获为宜。有“八成黄，十成收；十成黄，两成丢”的说法。

第十一讲
养猪实用技术要点

一、优良品种的选择

（一）我国主要地方优良品种介绍

我国幅员辽阔，由于各地自然环境、社会经济和猪种起源等状况差异悬殊，所以形成的猪种繁多，类型复杂。根据猪的起源、生活性能、外形特点，结合各地自然生态，饲料条件等，一般将地方良种猪分为 6 个类型（华北、华南、华中、江海、西南、高原），它们的共同特点是：繁殖率高、适应性强、耐粗饲、肉质好；缺点是：体格小、生长慢、出栏率和屠宰率偏低，胴体脂肪多，瘦肉少。从全国看，地方猪的变化规律为："北大南小""北黑南花"，繁殖率以太湖猪为中心，向北、向南、向西逐渐下降。下面介绍几个著名品种。

1. 淮南猪 分布在淮河流域的主要猪种之一，中心产区在河南省固始县，光山、罗山、新县、商城等县。淮南猪被毛黑色，头直，耳腹较大且下垂，体形中等，腿臀欠丰满，多卧系。淮南猪属于脂用型，接近兼用型，其主要特点是性成熟早，繁殖力强，母猪 4～6 月龄发情配种，每胎产仔 11～18 头，9 月龄育肥体重可达 90 千克，屠宰率

69.37%，瘦肉率44.66%。

2. 南阳黑猪 原名师岗猪，主要分布在河南省的内乡、淅川、镇平、邓州、中心产区在内乡和邓州。南阳黑猪体型中等，头短面凹，下颌宽形似木碗（“木碗头”），面部有菱形皱纹，最上两条呈八字，称“八眉”，其耳短宽稍斜且下垂，身腰长、宽平、腹大下垂、四肢细致结实，被毛全黑，该猪性情温驯，耐粗放管理，瘦肉率较高，肉质好，属兼用型猪。每胎产仔7～11头，成年公猪体重135千克，母猪130千克，屠宰率71.67%，瘦肉率47.5%，该猪的不足处是生长慢，体型不整齐。

3. 太湖猪 太湖猪是长江下游太湖流域的沿江沿海地区的梅山猪、枫泾猪、嘉兴黑猪、焦溜猪、礼土桥猪、沙河头猪等的统称，该猪被毛黑色或青灰色，个别猪吻部、腹下或四肢下部有白毛，体型稍大（公猪200千克，母猪170千克），头大胸宽，前胸和后躯有明显皱褶，耳特大下垂，近似三角形，四肢粗壮、卧系、凹背斜臀。

太湖猪以产仔多和肉质好而著称于世，据测定头胎平均产仔15.56头，泌乳量高，性情温顺，哺育能力强，仔猪成活率达85%～90%，最高每窝产仔36头，屠宰率65%～70%，瘦肉率45.08%。

4. 大花白猪 产于广东顺德、南海、番禺、增城、高要等县。该猪毛色为黑白花，头部、臀部及背部有2～3块大小不等的黑斑，其余部分均为白色。体格中等，头大小适中，额宽，有八字或菱形皱褶，四肢粗短，多卧系，乳头多为7对。母猪繁殖率高，每胎平均产仔13.2头。饲料利用率较高，早熟易肥，皮薄肉嫩，幼小时就开始积累脂肪，体重6～9千克的乳猪及30～40千克的中猪可作烤猪用，皮脆肉嫩，清香味美。

5. 金华猪 原产于浙江省义乌、东阳和金华等县。其毛色特征是体躯为白色，头颈和臀部为黑色，故此得名“两头乌”。体格不大（成年公猪110千克，母猪97千克），背微凹，腹圆而微下垂，臀较斜。

金华猪突出特点是皮薄骨细肉质好，外形美观，驰名中外的金华火腿，就是用金华猪后腿腌制而成，其质佳味美，该猪繁殖力较高，母性好，成年母猪平均窝产仔11.92头，条件较好可产14.25头。金华猪早熟易肥，屠宰率72%以上，瘦肉率43.36%。

6. 内江猪 原产四川省内江、资中等县，该猪全身被毛黑色，鬃毛粗长，头大嘴短，额面有较深的横皱褶，有旋毛，耳中等大小，下垂，背微凹，腹较大，臀较宽稍倾斜，四肢较粗壮，乳头7对左右，母猪每胎产仔平均为10.6头，性情温顺，较耐粗放饲养，适应性强，10月龄育肥体重90千克，屠宰率67%～70%。

内江猪与其他品种猪杂交效果好，杂交后代温顺，能采食大量的青粗饲料，生长较快，饲料利用率高，适合农家饲养。不足之处是皮厚，在北方地区易患气喘病。

（二）引入的国外优良品种介绍

19世纪以来，我国引入国外猪种有十多个，对我国猪种杂交改良影响较大的有巴克夏猪、约克夏、苏联大白猪、长白猪、杜洛克猪和汉普夏猪等，这些猪的共同特点是：体格大，生长快，屠宰率和瘦肉率高，属大型肉用兼用品种。它们一般都是体质结实，结构匀称，体躯较长，背腰平直，肌肉发达，四肢端正健壮，腿臀丰满，皮薄毛稀，耐粗饲养。缺点是对饲养条件要求较高，有的繁殖率低，现重点介绍以下几个品种。

1. 长白猪 原名兰德瑞斯猪，产于丹麦，是世界著名的大型瘦肉型品种，公猪体重250～300千克，母猪230～300千克，我国自1964年起相继多批由瑞典、日本、匈牙利、美国、法国等国家引进，主要投放在浙江、江苏、河北等省繁育，现全国各地均有饲养。长白猪全身被毛白色、头小肩轻、鼻嘴狭长、耳大前伸，身腰长，比一般猪多1～2对肋骨，后躯发达，腿臀丰满，整个体形呈前窄后宽的楔型。该猪繁殖力强，每窝平均产仔11.8头，长白猪以肥育性能突出而著称于世，6月龄可达90千克，增长快，饲料利用率高，胴体膘薄，瘦肉多，屠宰率72%～78%，瘦肉率55%以上。遗传性能稳定，做父本杂交效果明显，颇受欢迎。其缺点是饲料条件要求较高，抗寒性差。

2. 约克夏猪 原产英国，有大、中、小三型，大型约克夏猪饲养遍及世界各地，属大型瘦肉型品种，成年猪体重250～330千克。

大约克（大白猪）全身被毛白色，头颈较长，颜面微凹，耳中等大小，向前竖起，胸宽深适度，肋骨拱张良好，背腰长，略呈拱形，腹肋紧凑，后躯发育良好，腹线平直，四肢高，乳头6～7头。该猪体质和适应性优于长白猪，繁殖性能良好，产仔11～13头，初生重1.4千克，6月龄体重可达90千克杂交做父本，杂种的增重速度和胴体瘦肉率效果显著。

3. 杜洛克猪 原产于美国，1978—1983年我国先后由英国、美国、日本、匈牙利等国引入，属大型瘦肉型品种，成年猪体重300～400千克。

杜洛克猪全身具有浓淡不一的棕红色毛，为其明显特征。体躯高大，粗壮结实，头较小，颜面微凹，耳中等大小，向前倾，耳尖稍弯曲，胸宽而深，背腰略呈拱形，四肢强健，腿臀丰满。性情温顺，较为抗寒，适应性强，母性好，育成率高，生长发育快，日增重650～750克，料肉比3：1，产仔平均9～10头，杂交为末端父本，效果显著。

4. 汉普夏猪 原产美国，属瘦肉型品种，成年猪体重250～410千克。汉普夏猪突出的特点是全身被毛除有一条白带围绕肩和前肢外，其余部分为黑色，头大小适中，颜面直，鼻端尖，耳竖起，中躯较宽，背腰粗短，体躯紧凑，肌肉发达。汉普夏猪胴体品质好，在美国猪种中膘最薄，眼肌面积最大，胴体瘦肉率最高的品种。该猪体质结实，膘薄瘦肉多，肉质好，增重快，饲料利用率高，是较理想的杂交末端父本，杂交具有明显的瘦肉率和增重速度。

二、母猪的饲养技术要点

（一）对环境条件的要求

1. 温度 温度过高或过低均对猪的生长发育和生产性能不利，生产中不同阶段的猪需要不同的温度，空怀及孕前期母猪适宜温度13～19℃，最高温度27℃，最低温度10℃，孕后期母猪适宜温度16～20℃，最高温度27℃，最低温度10℃，哺乳母猪适宜温度18～22℃，最高温度27℃，最低温度13℃。

2. 湿度 猪舍的相对湿度以50%～75%为宜，高温高湿对猪有显著不良影响。

3. 光线 肉猪舍的光线应稍暗，以保证休息和睡眠，有利增重。

4. 有害气体 猪舍内的氨气浓度不应超过26毫升/升，硫化氢不超过10毫升/升为好。

5. 密度 在限饲条件下，育肥猪每圈饲养10～15头为宜；体重30～60千克阶段，每头猪占有猪栏面积0.45米^2；60～100千克阶段0.8米^2。

（二）不同季节饲养管理措施

适宜的环境温度对猪只正常生长发育，健康和繁殖能力影响较大，温度是提高饲料转化率，降低生产成本，提高养猪经济效益的重要因素之一。因此，在日常生产中采取有效的饲养管理措施，改善猪舍小气候状况，为猪只创造适宜的环境温度显得尤为重要。

1. 夏季搞好防暑工作

(1) 提高日粮营养度。在高温条件下猪采食量下降，而体内产热增加，这样体内摄入的能量明显不足，通过提高日粮能量浓度水平特别是能量、蛋白质和维生素水平可适当缓解热应激。试验证明，给日粮中添加脂肪（包括食用油），以赖氨酸作为部分天然蛋白质代用品可减少日粮热量的降低，减少热应激时猪的热负荷，维生素B族和维生素C及部分微量元素对防治热应激也有一定效果。

(2) 为猪只提供充足、清凉的饮水。在高温情况下猪只以蒸发散热为主，其饮水量大增。此外，可采取喷雾、猪体喷淋、加强通风（尤其是纵向通风）等措施，以促进猪体蒸发散热。但同时应避免舍内温度过大以防高温加剧热应激。

(3) 适当减少猪群密度。组群过大和饲养密度过高，均可加重热应激，应降低猪群密度。

(4) 在气温较低时喂食。夏季在每天气温较低时（如早晨或夜间）喂食，并适当增加每天饲喂次数。

(5) 采取通风降温措施。加强猪舍遮阳、通风和隔热设计，在夏季能及时通风降温。

2. 冬季搞好防寒工作

（1）适当提高日粮营养浓度，增加饲喂量。

（2）在可能的情况下，加大饲养密度，使用垫草，可减缓冷应激。

（3）冬天夜晚时间长，饲喂时间应安排提前早饲和延后晚饲或增加夜饲。

（4）减少饲养管理用水，不饮冰水，及时清除粪尿，注意猪舍防潮。

（5）加强猪舍门窗管理。防止孔洞、缝隙形成的贼风，并注意适当通风，排除舍内水汽及污浊空气。

（6）加强围护结构防寒保暖和采光设计，必要时采用有效节能的供暖设备。

（三）饲料的配比与饲养

母猪包括空杯母猪、妊娠母猪和哺乳母猪。

1. 空怀母猪的饲养 正常的饲养条件下哺乳母猪在仔猪断奶时母猪应有 7～8 成膘，断奶后7～10 天就能再发情配种，开始下一个繁殖周期，有些人对空怀母猪极不重视，错误地认为空怀母猪既不妊娠又不带仔，随便喂喂就可以了，其实不然，许多试验证明，对空怀母猪配种前的短期优饲，有促进发情排卵和容易受胎的良好作用，空怀母猪的饲养方法：

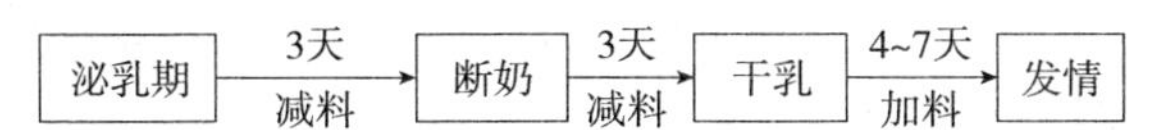

仔猪断奶前几天母猪还能分泌相当多的乳汁（特别是早期断奶的母猪），为了防止断奶后母猪得

乳房炎，在断奶前后各 3 天要减少配合饲料喂量给一些青粗饲料充饥，使母猪尽快干乳。断奶母猪干乳后，由于负担减轻食欲旺盛，多供给营养丰富的饲料和保证充分休息，可使母猪迅速恢复体力，此时日粮的营养水平和给量要和妊娠后期相同。如能增喂动物性饲料和优质青绿饲料更好，可促进空怀母猪发情排卵，为提高受胎率和产仔数奠定物质基础。

对那些哺乳后期膘情不好、过度消瘦的母猪，由于它们泌乳期间消耗很多营养，体重减轻很多，特别是那些泌乳力高的个体减重更多。这些母猪在断奶前已经相当消瘦，奶量不多，一般不会发生乳房炎。断奶前后可酌情减料，干乳后适当多增加营养，使其尽快恢复体况，及时发情配种。

有些母猪断奶前膘性相当好，这类母猪多半是哺乳期间吃食好，带仔头数少或泌乳力差，在泌乳期间体重下降少，过于肥胖的母猪贪睡，内分泌紊乱，发情不正常。对这类母猪断奶前后都要少喂配合饲料，多喂青粗饲料，加强运动，使其恢复到适度膘性，及时发情配种。

空杯母猪一般要求每千克饲料含蛋白质 13%，同时要保证维生素 A、维生素 D、维生素 E 及钙的供应。此外，空怀母猪额外供应一些青绿、多汁的饲料很有好处。

2. 妊娠母猪的饲养

（1）营养需要。母猪在妊娠期从日粮中获得的营养物质首先满足胎儿的生长发育，然后再供本身的需要，并为哺乳贮备部分营养物质。对于初配母猪还需要一部分营养物质供本身生长发育。如果妊娠期营养水平低或营养物质不全，不但胎儿不能很好发育而且母猪也要受到很大影响。

妊娠母猪所需的营养物质，除供给足够的能量外，蛋白质、维生素和矿物质也很重要。在妊娠母猪的日粮中粗蛋白质含量应占14%～16%；钙可按日粮的0.75%计算，钙磷比例为1～1.5∶1；食盐可按日粮的1%～1.5%供给；维生素A和维生素D不能缺乏。

（2）饲养方式。①如果妊娠母猪的饲养状况不好，应按其妊娠前、中、后期三阶段，以高—低—高的营养水平进行饲养。即在妊娠初期就要加强营养，增加精料，特别是蛋白质饲料，以促进母猪迅速恢复繁殖体况。当母猪体质达到中等营养成度时，适当增加品质好的青绿多汁饲料和粗饲料，按饲养标准进行饲养，直到妊娠80天后，再加强营养，增加精料，以满足胎儿的生长发育需要，这就是“抓两头，顾中间”的饲养方式。②若妊娠母猪的体况良好，可采用前粗后精的饲养方式。因妊娠初期胚胎发育慢，母猪膘情好，不需另加营养物质，按一般营养水平即可满足母体和胎儿的营养需要。到妊娠后期，再加强饲养，增加精料，以满足胎儿高速生长发育的需要。③对于初产和繁殖力高的母猪，应采取营养水平步步提高的饲养方式进行饲养。因为随着胎儿的不断发育长大，初产母猪的本身也不断生长发育，高产母猪胚胎发育需要更多的营养物质，所以其整个妊娠期的营养需要是逐步提高的，到妊娠后期达到最高水平。

（3）饲喂技术。日粮必须有一定体积，使母猪既不感到饥饿，也不因体积大而压迫胎儿，影响生长发育，最好按母猪体重的2%～2.2%供给日粮。

对妊娠母猪日粮营养要全面，饲料多样化，适口性好。3个月后应限制青、粗、多汁食料的喂量，切忌饲料不宜多变。同时妊娠前期切不可喂过多的精料，否则会把母猪养得过肥，引起产仔数少，仔猪体重小，母猪缺奶，发生乳房炎，子宫炎和产褥热等病症。严禁喂发霉变质、冰冻和有毒的饲料，以防流产和死胎。提倡饲喂湿拌料和干粉料，注意供给充足饮水。

3. 哺乳母猪的饲养 哺乳母猪的饲料应按其饲养标准配合，保证适宜的营养水平。母猪刚分娩后体力消耗很大，处于高度的疲劳状态，消化机能较弱，所以，开始应给与稀料，2～3天后饲料喂量逐渐增多；5～7天改喂湿拌料，饲料量可达到饲养标准规定量。哺乳母猪要饲喂优质饲料，在配合日粮时原料要多样化，尽量选择营养丰富、保存良好、无毒的饲料，还要注意配合饲料的体积不能太大，适口性好，这样可增加采食量。

哺乳母猪最好日喂3次，有条件时可加喂一次优质青绿饲料。

(四)提高繁殖力技术

1. 影响繁殖力的因素

(1)遗传方面。品种对繁殖力有很大影响,不同的品种(或品系)之间繁殖力存在较大的差异。如我国太湖猪平均产仔数高达15头以上,而引进品种仅为9～12头。

近交会使胚胎的死亡率增高,且胎儿的初生重也较轻,一些遗传疾病也会增加;而杂交则有利于提高窝产仔数及初生重,故应有意识地控制近交,开展杂交。

(2)营养。营养的影响是多方面的,不仅要注意到质的影响,同时还要考虑到不同生理条件下,季节、个体等差异及饲料品种诸多因素的影响。

总的来说,作为种母猪既要满足需要,又不要过肥,要以饲养标准为参考,避免盲目配料、喂料。

2. 提高繁殖力的措施

(1)选用繁殖力强的杂交品种。

(2)在不同时期调整好营养。在空怀期、妊娠期和妊娠后期可适当采取短期优饲,对于母猪恢复体重、促进发情、排卵和提高泌乳量有益。妊娠中期可采取限制饲养。整个妊娠期过高的能量供应会使泌乳期的采食量下降,不利于乳腺发育,从而导致泌乳量下降。哺乳期适当增加营养,对维持产奶十分重要,也可避免较大的体重损失,有利于下一次发情、配种。维生素在日粮中的水平对母猪最大限度地发挥繁殖潜力极为重要。如生物素、胆碱、叶酸等，因此，在出现死胎增加或受胎率突然下降时应首先考虑营养方面的因素，尤其是矿物质和维生素的影响。

（3）加强饲养管理。卫生防疫是保证猪只良好体况的重要环节，要经常根据需要进行传染病的科学、合理、有效的预防和接种工作（如猪瘟、细水病毒、乙型脑炎、萎缩性鼻炎、繁殖与呼吸道综合征等疫病）；周期性地进行猪舍清洗、消毒；要防止和治疗子宫炎、阴道炎和乳房炎。

加强饲养人员的责任心，培养良好的职业道德。

建立母猪个体的繁殖登记制度，及时淘汰繁殖力较低的母猪，使整个繁殖母猪保持在良好的繁殖水平上。

猪群密度及空间明显影响青年母猪的正常性周期、配种和妊娠。密度太大或空间太小，母猪配种率下降。

母猪交配后应留在原圈3周以上，等确诊妊娠后才能转圈，这样有利于减轻环境应激对胚胎早期死亡的影响，可以获得更多发育成活的胚胎，提高窝产仔数。

在妊娠的前3～4周内，猪舍温度应保持在18～22℃，严防热应激对早期胚胎存活的影响。

在母猪妊娠的第15天注射1 500单位的

PMSG（孕马血清促性腺激素）可以提高胚胎的存活数目，增加产仔数。

确诊妊娠的母猪最好单独饲养。

产房设备要适宜，卫生清洁，通风良好，最好架设产床。

母猪分娩后36～48小时（不能太久），肌肉注射10毫克前列腺素F2a，可有效预防子宫炎，产后热，缩短发情间隔。

最好采取4～5周龄断奶。

在母猪断奶后，引入成年种公猪或用公猪的尿液、精液喷洒到母猪的鼻子上，有利于其发情，提高排卵数。

（4）搞好发情鉴定，及时配种。尽早进行妊娠诊断，未妊娠者，要尽早采取措施，促使发情，及时配种。

（5）合理淘汰种母猪。对断奶后不发情，断奶后14天以上未发情，经合群、运动、公猪诱情、补饲催情、药物（包括激素）处理等措施后仍不发情者应淘汰。

连续3个发情期配种未受胎者，子宫炎经药物处理久治不愈者，难产、子宫收缩无力、产仔困难、连续2胎以上需助产者，连续2胎产仔数6头以上者，产后无奶、少奶，不愿哺乳、咬食仔猪、连续2窝断奶仔猪数在5头以下者，肢蹄发生障碍，关节炎、行走、配种困难者，9胎以上，产仔数少于7头者，都应淘汰。

三、仔猪的饲养技术要点

仔猪在胎儿时期完全依靠母体来提供各种营养物质和排泄废物，母猪（子宫）对胎儿来说是个相对稳定的生长发育环境。与之相比，仔猪生后生活条件发生了巨大变化。第一，要用肺呼吸。第二，必须用消化道来消化，吸收食物中的营养物质。第三，直接接受自然条件和人为环境的影响。养好哺乳仔猪的任务是，使仔猪成活率高，生长发育快，个体大小均匀整齐，健康活泼，断奶体重大。为以后养好断奶幼猪和商品肉猪打下良好的基础。

（一）哺乳仔猪的特点

1. 生长发育快，新陈代谢旺盛，利用养分能力强 猪出生时体重小，不到成年体重的1%，但出生后生长发育特别快，30日龄时体重达出生重的5～6倍，2月龄时达10～13倍。

仔猪生长快，是因为物质代谢旺盛，特别是蛋白质代谢和钙、磷代谢都要比成年猪高得多，20日龄，每千克体重沉积的蛋白质相当于成年猪的30～35倍；每千克体重所需代谢净能为成年猪的3倍，仔猪对营养不全的饲料反应特别敏感。因此，供给仔猪的饲料要保证营养全价和平衡。

仔猪的饲料利用率高，瘦肉型猪全期的饲料利用率（料肉比）约为3∶1，而乳期仔猪约为1∶1。可见抓好仔猪的开食和补料，在经济上很有利。由于仔猪生长发育快，若短时间生长发育受阻，很可能影响终生甚至形成“僵猪”。养好仔猪，可为以后猪的生长发育奠定基础。

2. 消化器官不发达，胃肠容积小，消化腺机能不健全 小猪出生时胃仅能容纳25～50克乳汁，20日龄扩大2～3倍。随着日龄增长而强烈生长，当采食固体饲料后增长更快，小肠生长也如此。因小猪每次的采食量少，一定要少喂多餐。小猪的消化腺分泌的各种消化酶及其消化机能不完善，仔猪初生时胃内仅有凝乳酶，胃蛋白酶少且因胃底腺不发达，缺乏盐酸来激活，故胃不能消化蛋白酶，特别是植物性蛋白，但是，这时肠腺和胰腺发育比较完全，胰蛋白酶、肠淀粉酶和乳糖活性较高，食物主要在小肠内消化，食物通过消化道的速度也较快，所以，初生小猪只能吃乳，而不能利用植物性饲料中的营养。随着日龄的增长（2～3周龄开始）加上食物对胃壁的刺激，各种消化酶分泌量和活性逐渐加强，消化植物性饲料的能力随之提高。

由于上述仔猪的消化生理特点，揭示了哺乳仔猪在饲养管理上的三个问题：一是母乳是小猪哺乳期最佳食物，因此，养好哺乳母猪，让其分泌充足的乳汁，是养好小猪的首要条件；二是小猪消化机能不发达与其身体的迅速生长发育相互矛盾，应及早调教小猪尽早开食，锻炼其消化机能，给小猪喂食营养丰富易消化的食物，补充因母乳不足而缺少的营养，保证小猪正常生长；三是根据小猪消化生理特点和各时期生长对营养的需要，配制不同生长阶段的乳猪饲料，缩短哺乳小猪的离乳时间，提高母猪的年产胎次。

3. 缺乏先天性免疫力，容易得病 初生仔猪缺乏先天性免疫力，免疫抗体是一种大分子的 r-球蛋白，它不能通过胎盘从母体中传递给胎儿，只有吃到初乳后，乳猪才可从初乳中获得免疫抗体。母猪初乳中免疫抗体含量很高，但降低也很快，以分娩时含量最高，每 100 毫升初乳中含免疫球蛋白 20 克，4 小时后下降到 10 克，以后逐渐减少，3 天后即降至 0.35 克以下，仔猪将初乳中大分子免疫球蛋白直接吸收进入肠壁细胞（即胞饮作用）再进入仔猪血液中，使小猪的免疫力迅速增加，产生胞饮作用是因为小猪出生后 24 小时内，由于肠道上皮处于原始状态，对大分子蛋白质有可通透性，同样对细菌也有可通透性，所以仔猪易拉奶屎，这种可通透性在出生 36 小时后显著降低。初乳中在比较短时间里含有抗蛋白分解酶和胃底腺不能分泌盐酸，保证了初乳中免疫球蛋白在胃肠道中不受破坏。

所以，仔猪出生后应尽早让仔猪吃上和吃足初乳，这是增强免疫力，提高成活率的关键措施，仔猪 10 日龄以后才开始自产免疫抗体，到 30～35 日龄前数量还很少，这段时间，仔猪从母乳中获得抗体很少，可见，2 周龄仔猪是免疫球蛋白的青黄不接阶段，是关键的免疫临界期，同时，仔猪这时已开始吃食饲料，胃液尚缺乏游离盐酸，对随饲料、饮水中进入胃内的病原微生物没有抑制作用。所以，这时要注意栏舍卫生，在仔猪饲料中和饮水中定期添加抗菌药物，对防止仔猪疾病的发生有重要意义。

4. 调节体温的机能不全，防御寒冷的能力差

仔猪防御寒冷能力差的原因：一是大脑皮质发育不全，垂体和下丘脑的反应能力差，丘脑传导结构的机能低，对调节体温恒定的能力差；二是初生仔猪皮毛稀薄，体脂肪少，只占体重的1%，隔热能力差；三是体表相对面积（体表面积与体重之比）大，增加散热面积；四是肝糖原和肌糖原贮量少；五是仔猪出生后24小时内主要靠分解体内储备的糖原和母乳的乳糖供应体热，基本上不能氧化乳脂肪和乳蛋白来供热，在气温较高条件下，24小时以后，其氧化能力才能加强。仔猪的正常体温约39℃，初生仔猪要求环境温度为32～33℃，若温度太低，必然要动用肝糖原和肌糖原来产热，这两种糖原贮量少，很快就用完，若小猪不能及时从初乳中得到补充能量，体温很快下降，随即出现低血糖，体温过低，引致仔猪体弱昏迷而最后死亡。

（二）饲养管理措施

在生产实践中，接产员要尽快把初生小猪体表擦干，尽量减少体热散发和给仔猪保温，减少体能损耗，同时及时给仔猪吃上初乳补充能量和增强抵抗力，减少肝糖原和肌糖原的损失，尽快使仔猪体温回升，增强仔猪活力。“抓三食，过三关”是争取仔猪全活全壮的有效措施。

1. 抓乳食，过好初生关 仔猪生后一个月内，主要靠母乳生活，初生期又有怕冷、易病的特点。因此，使仔猪获得充足的母乳是使仔猪健壮发育的关键，保温防压是护理仔猪的根本措施。仔猪出生后即可自由行动，第一个活动就是靠嗅觉寻找乳头吸乳，小猪出生后应在两小时内吃上初乳。初乳中蛋白质含量特别高，并富含免疫抗体，维生素含量也丰富，初乳是哺乳小猪不可缺少的营养物质。初乳中还含有镁盐，有轻泻性，可促使胎粪排出。初乳酸度较高，有利于消化道活动，初乳的各种营养物质，在小肠几乎全部被吸收。所以，让小猪及时吃好和吃足初乳，除及时补充能量，增强体质外，还提高抗病能力，从而提高对环境的适应能力。

初生仔猪由于某些原因吃不到或吃不足初乳，很难成活，即使勉强活下来，也往往发育不良而形成僵猪。所以，初乳是初生仔猪不可缺少和替代的。

初生弱小或活力较弱的小猪，往往不能及时找到乳头或易被强者挤掉，在寒冷季节，有的甚至被冻僵不会吸乳，为此，在仔猪出生后应给以人工扶助和固定乳头。固定乳头的方法：按仔猪弱小强壮的顺序依次让小猪吸吮第一至第七对乳头，或在猪分娩结束后让小猪自行找乳头，待大多数小猪找到乳头后，依弱小和强壮按上述原则作个别调整，弱者放前，强者放后乳头，每隔1小时左右母猪再次放乳时重复作多次调整调教，一般在出生后坚持

2～3天，便可使小猪建立吸乳的位次。

将小猪固定乳头吸乳，一方面，可使弱小猪吸吮到乳头分泌较多的乳汁，使全窝仔猪发育匀称；另一方面，由于母猪没有乳池，只有母猪放乳时小猪才吸吮到乳汁，而母猪放乳时间一般只有20分钟左右，如果不给仔猪建立吸乳的位次，仔猪就会互相争夺，浪费母猪短暂的放乳时间吃不上或吃得少，或强者吃得多，弱者吃得少，影响生长发育同时还会咬伤乳头和仔猪颊部。

2. 抓开食，过好补料关 母猪的泌乳规律是从产后5天起泌乳量才逐渐上升，20天达到泌乳高峰，30天以后逐渐下降。

当母猪泌乳量在分娩后20～30天逐渐下降时，仔猪的生长发育却处于逐渐加快的时期，就出现了母乳营养与仔猪需要之间的矛盾。不解决这个矛盾，就会严重影响仔猪增重，解决的办法就是提早给仔猪补料。

仔猪早补料，能促进消化道和消化液分泌腺体的发育。试验证明，补料的仔猪，其胃的容量，在断奶时比不补料仔猪的胃约大一倍。胃的容量增大，采食量随之增加。一般随日龄增长而增加，仔猪采食量如表11-1。

表11-1 仔猪日龄数与采食量表

日龄数（天）	15～20	20～30	30～40	40～50	50～60
采食量（克）	20～25	100～110	200～280	400～500	500～700

补料方法：仔猪生后7天就可以开始补料，最初可用浅盆，在其上面撒上少量乳猪料，仔猪会很快尝到饲料的味道，这样反复调教2～3次，仔猪会牢记饲料的味道了。母乳丰富的仔猪生后10天不爱吃乳猪料，可在料中加入少量白糖等甜味料，灌入仔猪口中，使其早认料后，便可用自动喂料器饲喂。

3. 抓旺食，过好断奶关 仔猪21日龄后，随着消化机能日趋完善和体重迅速增加，食量大增，进入旺食阶段。为了提高仔猪的断奶体重和断奶后对幼猪料类型的适应能力及减少哺乳母猪的体重损失，应想方设法加强这一时期的补料。

此期间应注意以下三个问题：第一，饲料要多样配合，营养全面。第二，补饲次数要多，适应胃肠的消化能力。第三，增加进食量，争取最大断奶窝重。

饲养好仔猪必须注意以上问题，才能更好地饲养好仔猪。

四、肉猪的饲养技术要点

在现代养猪生产中，肉猪的饲养阶段，即从小猪育成最佳出栏屠宰体重（约从70日龄至170～180日龄）。此期所消耗的饲料占养猪饲料的总消耗量（含每头肉猪分摊的种猪料、仔猪和肥育猪全部饲料消耗量）的80%以上。养好肉猪，提高日增重和饲料利用率，就可以降低生产成本，提高经济效益。

（一）肉猪的营养要求

猪从幼龄到成年，体组织生长发育的速度顺序是先骨骼，后肌肉，最后是脂肪。

因而，在营养方面，早期应注意钙、磷的供应，钙应占日粮的0.8%，磷0.6%，在封闭饲养的条件下，还要注意补充维生素A和维生素D。

蛋白质是肌肉和组织器官的主要成分，在猪的生长期需要更多的蛋白质养分，日粮的粗蛋白含量，要随着生长的变化逐步由高到低，在生长的前期，日粮粗粮蛋白含量应保持在18%～20%，生长后期逐步降低蛋白质水平，使之达到14%～16%，此外，日粮中要求全价氨基酸，特别是赖氨酸对猪的生长发育影响较大。豆饼是富含赖氨酸的饲料，动物性蛋白饲料乃是各种必需氨基酸很全的好饲料，因此，在生长猪的日粮中，力求饲料原料多样化，以便达到各种必需氨基酸的平衡。

日粮能量的水平，在生长的前期每千克日粮应含13.6兆焦可消化能，后期为13.18兆焦可消化能。

（二）肉猪的饲养

1. 饲养目标 可按猪的生长发育规律，尽量满足其营养要求，使猪连续不断地保持较高的增重速度，以6～7个月龄体重达到90～110千克作为饲养目标。

2. 饲养原则 猪对日粮的采食量与其体重大

小成正比例关系，体重越小，采食量越少；体重越大，采食量越大，为了使采食量与营养要求达到协调平衡，必须在幼龄期的日粮中使可消化能达到13.18兆焦。蛋白质水平逐步由高变低，幼龄时，日粮蛋白质水平为18%～20%，中、后期14%～16%。

3. 饲养方式 在一般猪场，人们都采用限量饲喂方式，而在现代化养猪场，多采用自由采食方式。为了降低背膘厚度，提高商品肉猪的瘦肉率，前期可采用自由采食，后期采用限制饲喂。实践证明，采用自由采食，可促进食欲，增强消化道消化液的分泌，利于消化吸收，猪群发育整齐，从而收到良好的育肥效果。

五、疫病综合防治技术

（一）病情诊断

要判断一头猪是不是患了病，通常主要从以下几个方面观察猪的临床表现：

1. 观测体温与呼吸 正常猪的体温为38.0～39.5℃，呼吸均匀而平稳。如体温超过39.5℃则称为发热，呼吸出现急促，喘气甚至张口呼吸、口流泡沫等症状也属于病理现象。发高烧时通常伴有呼吸急促现象。

2. 观察食欲与饮水 吃料减少甚至不吃，大多表示患病，需及时处理。母猪发情时一般会减少食量，有的母猪分娩前后一两天也会出现不食或少食现象，应予以区别。猪发烧时饮水量会增加。

3. 观察粪便 粪便的形状、软硬度、气味、颜色等出现变化，比如下痢、拉稀、便秘、血痢、粪便中混有黏膜、黏液等，应注意是否患病。

4. 观察体形 是否皮肤上有红点、紫斑或全身变红发紫现象、体表脓疮、皮肤粗糙、瘙痒、肢蹄病引起的跛脚、关节肿胀、创伤，以及是否有转圈、歪头等神经症状和过度消瘦现象。

5. 观察精神状态 如目光呆滞、精神沉郁、疲倦嗜睡等现象一般是有病的表现。

有时，猪的某些变化不明显，不容易发现，往往到了比较严重的时候才表现出来，治疗就困难多了，有时还会引起死亡，造成不必要的损失。因此，日常生产中应该留意观察正常猪的各种活动与表现，发现异常情况及时处理。

（二）猪传染病的预防和控制

传染病的传播需要同时具备三个基本条件：传染源、传播途径和易感猪群，如果缺少任何一个条件传染病就不能发生。因此，应该从消灭传染源、切断传播途径、增强猪体抵抗能力等方面着手，针对各种传染病的特点因地制宜地制订消灭传染病的综合性防治措施。

1. 自繁自养，引种隔离检疫 引入种猪和猪苗时，必须进行严格的隔离检疫，确认没有传染性疾病并进行免疫接种后才能进入猪场并群，防止把病源带进猪场，尤其对猪场生产危害较大的疫病，如伪狂犬病、蓝耳病、猪瘟、口蹄疫等必须格外小心。自繁自养可以防止从外面买猪而带来传染病的危险。

2. 加强卫生 消毒是消灭外界环境中的病原体，切断传播途径的有效措施。

3. 预防注射 即打针预防，给猪注射预防某种传染病的疫苗或菌苗。

4. 加强检疫和猪群抗体水平检测 猪场每年应该对多种危害严重的传染病进行定期检疫和抗体水平检测，制定本场切实可行的免疫程序。

第十二讲 养羊实用技术要点

一、优良品种介绍

（一）绵羊的优良品种

1. 新疆细毛羊 新中国成立后培育的第一个毛肉兼用品种，分布于全国20多个省（自治区、直辖市）。新疆细毛羊体格中等，骨壮坚实；公羊鼻稍隆起，母羊鼻平直，公羊有螺旋形角，母羊无角；公羊颈部有2～3个皱褶，母羊有发达的纵皱褶，胸宽深，髻甲中等或稍高，背直而宽，体躯较长，四肢结实，肢势端正，腹毛差，四肢下部多无毛，全身被毛白色，公羊重98.56千克，母羊重53.12千克，屠宰率50%～53%，产羔率140%。羊毛主体细度60～64支，公羊毛长10.9厘米，母羊毛长8.8厘米，油汗以白和淡黄色为主，羊毛含脂率为12.57%，净毛率40%，成年公羊剪毛量为12.2千克，母羊5.52千克。

2. 大尾寒羊 属肉脂兼用绵羊品种。体质结实，头中等大，额宽，耳大下垂，鼻梁隆起，四肢粗壮，蹄质坚实，前躯发育较差，后躯稍高于前躯。

3. 小尾寒羊 该羊具有耐粗饲，易管理，抗病力强，生长发育快，成熟早，繁殖力高，肉用，裘用性好等优点。其四肢较长，体躯高，背腰平直稍宽，小脂尾不及关节，公羊有角，母羊半数有角，鼻梁隆起。

4. 太行裘皮羊 太行裘皮羊是河南省较好的裘皮用绵羊品种，主要分布于太行山东麓沿京广铁路两侧的安阳、新乡地区，该羊体格中等，体质结实，外形一致，尾为小脂尾，尾尖细瘦，有的垂于关节以下。

5. 夏洛来肉用绵羊 世界著名绵羊品种，育成于法国，1989 年引入河南省后，在桐柏、泌阳、伊川、汝阳、封丘、内黄、汝州等地繁育适应良好。肉用绵羊体型较大，成年公羊平均体重 100～150 千克，母羊 70～90 千克。

6. 豫西脂尾羊 河南省古老品种之一，该羊毛色以全白为主，有角者居多，耳大下斜，鼻梁隆起，颈肩结合好，肋骨较开张，腹稍大而圆，体躯长而深，背腰平直，尻骨宽略斜，四肢较短而健壮，蹄质结实，脂尾呈椭圆形，垂于飞节以上，体格较小，成年公羊体重 35.48 千克，母羊 27.16 千克。

（二）山羊的优良品种

1. 槐山羊 黄淮平原的主要山羊品种，分布于豫东南及皖西北。该羊体格中等，结构匀称，紧凑结实，体型近圆桶形。背腰平直，四肢较长，槐山羊板皮品质优良，皮形为蛤蟆形，以晚秋初冬屠宰剥皮为“中毛白”，质量最好。

2. 河南奶山羊 从1904年开始，引进瑞士莎能奶山羊与当地山羊杂交的后代，经过80年的选育而形成的奶山羊品种，1989年通过鉴定。该品种适应性强，主要分布于陇海铁路沿线，该羊体质结实，结构匀称，细致紧凑，乳用体形明显，头长、颈长、躯干长、四肢长。

3. 太行黑山羊 又名武安山羊，分布于晋、冀、豫三省接壤的太行山区。该羊体质结实，体格中等颈短粗，胸深宽，背腰平直，后躯比前躯高，四肢强健，蹄质坚实，尾短上翘，毛被以黑色居多，由粗毛和绒毛组成。

4. 安哥拉山羊 是世界上最著名的毛用山羊，主要分布于土耳其、阿根廷、新西兰等国家。该羊全身被毛白色，羊毛有丝样光泽，手感滑爽柔软，由螺旋状或波浪状毛辫组成，毛辫长可垂至地面。安哥拉山羊的毛被称为马海毛，是一种高档的纺织原料。

二、饲养技术要点

（一）绵羊的饲养技术

1. 种公羊的饲养 饲养种公羊一般要求在非配种期应有中等或中等以上的营养水平，配种期要求更高，应保持健壮、活泼、精力充沛，但不要过度肥胖。种公羊的日粮必须含有丰富的蛋白质、维生素和矿物质。应由种类多、品质好、易消化且为公羊所喜食的饲料组成。干草以豆科牧草如苜蓿为最佳，精料以大麦、大豆、糠麸、高粱效果为佳，胡萝卜、甜菜及青贮玉米、红萝卜等多汁饲料是公羊很好的维生素饲料。

种公羊的饲喂，在配种期间，全日舍饲时，每天每头喂优质干草 2～2.5 千克，多汁料 1～1.5 千克，混合精料 0.4～0.6 千克。在配种期，每日每头给青饲料 1～1.3 千克，混合精料 1～1.5 千克，采精次数多，每日再补饲鸡蛋 2～3 个或脱脂乳1～2 千克，如能放牧，补充饲料可适当减少，种公羊要单独组群，羊舍应注意避风朝阳，土质干燥，不潮湿，不污脏。应设草栏和饲料槽，确保圈净、水净、料净。平时要对每只公羊的生理活动，进行详细观察，作好记载，发现异常立即采取措施。配种期间，每日应按摩睾丸两次，每月称体重一次，修蹄，剪眼毛一次，采精前不宜喂得过饱。

2. 母羊的饲养

（1）怀孕母羊的饲养。怀孕母羊（怀孕前 3 个月）需要的营养不太多，除放牧外，进行少量补饲或不补饲均可。怀孕后期，代谢比不怀孕的母羊高 20%～75%，除抓紧放牧外，必须补饲，以满足怀孕母羊的营养需要。根据情况，每天可补饲干草（秧类也可）1～1.5 千克，青贮或多汁饲料 1.5 千克，精料 0.45 千克，食盐和骨粉各 1.5 克。平原农区不能放牧的情况下，除加强运动外，补饲应在上述基础上增加 1/3 为宜。最好在较平坦的牧地上放牧。禁止无故捕捉，惊扰羊群以造成流产，怀孕母羊的圈舍要求保暖、干燥、通风良好。

（2）哺乳母羊的饲养。母乳是羔羊生长发育所需营养的主要来源，特别是生后的头20～30天，产羔季节，如正处在青黄不接时期，单靠放牧得不到足够的营养，应补饲优质干草和多汁饲料。羔羊断奶前几天，要减少母羊的多汁料、青贮料和精料喂量，以防乳房炎的发生，哺乳母羊的圈舍应经常打扫，保持清洁干燥，胎衣、毛团等污物要及时清除，以防羔羊吞食生病。

（二）山羊的饲养

1. 补料 羊在舍饲时间的营养物质，主要靠人来补充。因此，在日粮中，除给以足够的青草和干草外，还应根据不同的情况补喂一定数量的混精料，以及钙磷和食盐等矿物质饲料，使之满足对营养物质的需要和维持体质的健康。

2. 给饲方法与饮水 喂饲方法，应按日程规定进行，一般每天应给喂3～4次，要求先喂粗饲料，后喂精饲料，先喂适口性较差的饲料，后喂适口性好的饲料，使之提高食欲，增加采食量。粗料应放入草架中喂给，以免浪费饲料，还要供给充足的饮水，每天饮水次数一般不少于2～3次。

三、羊病预防的一般措施

1. 详细调查。了解和掌握本场、本村及周围羊的历史特别是近两年来疫病发生和流行的情况、防治情况、自然环境及饲草料情况以及疫病流行的条件和防治优势。

2. 经观察和定期检疫。发现病羊和疑似病羊立即隔离，专人饲养管理，及时治疗，死亡病羊慎重处理。

3. 不喂被污染的饲料和水。不到被污染的地方放牧饮水，不从疫区买羊，健康羊不到疫区去，必须经过时，自带草料和饲具，并迅速通过，对新买的羊经观察和检疫，确认健康无病后，方可入群。

4. 圈舍经常打扫，定期消毒。清除粪便并堆放在距圈舍、水井及住房100～200米以外的地方，饲养管理工具要经常清洗和消毒，饲草饲料及饮水要干净卫生。

5. 防治害虫，消除老鼠并消除环境污染因素。

6. 加强饲养管理，增强机体抗病能力。

7. 对已有疫苗的传染病，进行定期防疫注射，并注意随时补注，做到一只不漏，只只免疫。

第十三讲
养牛实用技术要点

一、优良品种的选择

（一）地方良种黄牛品种

1. 南阳牛 是我国著名的优良地方黄牛品种，主要分布于河南省南阳地区唐河、白河流域的广大平原地区，以南阳市郊区、卧龙区、宛城区、唐河县、邓州市、新野、镇平、社旗、方城 8 个县市为主要产区。除南阳盆地几个平原县市外，周口、许昌、驻马店、漯河等地区分布也较多。南阳牛属大型役肉兼用品种，体格高大，肌肉发达，结构紧凑，皮薄毛细，行动迅速，鼻镜宽，口大方正，鬐甲较高。四肢端正，筋腱明显，蹄质坚实。

2. 秦川牛 秦川牛因产于陕西省关中地区的“八百里秦川”而得名。主要产区为陕西渭河流域的关中平原，以咸阳、兴平、武功、乾县、渭南、蒲城和礼泉等所产的牛最为著名。秦川牛属大型役肉兼用品种。体格高大，骨骼粗壮，肌肉丰满，体质强健。前躯发育特别良好，头部方正，肩长而斜。秦川牛挽力大，步速快，是关中地区农耕的主要动力。

3. 鲁西牛 主要产于山东省西南部的菏泽、

济宁两地区境内，即北至黄河，南至黄河故道，东至运河两岸的三角地带。以菏泽地区的郓城、鄄城、巨野、梁山和济宁地区的嘉洋、金乡等县为中心产区。鲁西牛体躯结构匀称，细致紧凑，体躯大而略短，肌肉发达，前躯宽平，具有较好的役肉兼用体型。鲁西牛性情温驯，易管理，便于发挥最大的工作能力。鲁西牛以肉质好而闻名，远销上海、北京、香港等地，群众称为“膘牛”。

4. 晋南牛 产于汾河下游晋南盆地，主要分布在山西省运城、临汾两地区，以万荣、河津县的牛数量多，质量好。晋南牛属大型役肉兼用品种，体型较大，骨骼粗壮，肌肉发达，被毛为枣红色。鼻镜粉红色，公牛头适中，额宽嘴粗，俗称“狮子头”。役用性能挽力大，速度快，耐久力好。

（二）国外引入肉牛品种

1. 西门塔尔牛 是乳肉兼用品种，原产于瑞士西部的阿尔卑斯山区西门山谷，而以伯尔尼州周围所产的品质最好，在法、德、奥等国也有分布。是瑞士的大型乳、肉、役三用品种，占其总牛数的50%。西门塔尔牛在产乳性能上被列为高产的乳牛品种，仅次于黑白花奶牛，在产肉性能上并不比专门化肉用品种逊色，在生长速度上也是一流的，因此，现今西门塔尔牛成为世界各国的主要引种对象。西门塔尔牛为大型兼用牛种，产肉性能好。西门塔尔牛常年在山地放牧饲养，因此形成体躯粗壮结实，耐粗饲，适应性好，抗病力及繁殖力均强，难产率低，既能生产大量优质牛肉，又能得到高额的挤乳量，而且乳的质量好，四肢发达，行走稳健，役力强，是具有多种经济用途的优秀兼用品种。

2. 夏洛来牛 原产于法国索恩-卢瓦尔省。17世纪初，畜牧业开始在布尔戈尼地区发展起来，农民不仅种植牧草，而且注意培育优良牛羊品种，防治动物疾病，夏洛来是索恩-卢瓦尔省南部地区古代首府的称谓，良种牛因此而得名。最早为役用牛，夏洛来牛生产性能好，具有生长速度快、长膘快、皮薄、肉嫩、胴体瘦肉多、肉质佳、味美等优良特性。

3. 利木赞牛 原产于法国中部地区。该品种生长发育快，早熟，产肉性能好。利木赞牛具有体型结构好、早熟、耐粗、生长迅速、出肉率高、母牛难产率低及寿命长等独特的优点。

（三）奶牛品种

1. 黑白花牛 原名荷兰牛，产于荷兰北部地区，以及丹麦和德国。由于该牛产奶量最高，适应性好，世界各国都引入该品种。不同国家引进该品种后，经过适应及风土驯化，培育出具有本国特色黑白花牛品种，乳用型黑白花牛体型大，母牛后躯特别发达，身躯呈三角形。黑白花牛产乳能力最高。

2. 中国黑白花牛 中国黑白花牛的形成，始于19世纪末期，由中国的黄牛与输入我国的黑白花牛等乳用品种杂交，经过70～80年历史过程，不断选育提高而形成。乳用特征明显，体格健壮，结构匀称。

二、奶牛的饲养

（一）哺乳期犊牛的饲养

1. 保姆牛哺育法 在奶牛场，采用保姆牛哺育犊牛是天然哺育法的一种。此方法的优点是：①犊牛可直接吃到未被污染，含有足够抗体且温度适中的牛奶。②可以预防消化道疾病。③几个保姆牛可以哺育数群犊牛。④可以节省人力和物力。

选择和组织好保母牛哺育法要注意以下几个方面的问题：①保姆牛选择。选择健康无病，产奶量中下等，乳头和乳房健康的产奶母牛作为保姆牛。②哺育犊牛的选择。根据每头犊牛日哺育乳量4～5千克的标准，确定每头保姆牛所哺乳的犊牛数，同时每头哺育犊牛的体重、年龄、气质应尽可能的一致。③犊牛和保姆牛处于分隔的同一牛舍内，除每日定时哺乳2～3次外，其余时间分开。犊牛舍内应设有饲槽和饮水器。为预防犊牛的消化道疾病，保姆牛的乳房、乳头、牛床及犊牛隔离室应保持清洁、干燥和卫生。

2. 人工哺乳法 新生犊牛结束初乳期以后，从产房的犊牛隔离室即可转入犊牛舍。在犊牛舍内可按每群5～15头的定额进行饲养，每头犊牛占1.8～2.5米^2，同一群内的犊牛年龄及体重应尽可能一致。

人工哺乳法每日喂奶量应根据培育方案，牛的品种、用途、产犊季节、犊牛的生长计划等方面制定，乳用种母犊牛一般哺喂 300 千克（150～450 千克）左右，乳用种公牛可高些，甚至达 600 千克以上，犊牛在 30～40 日龄期间，哺乳量一般按初生体重的 1/10～1/5 计算。一个月以后，可以逐渐使全乳的喂量减少一半，并以同等数量的脱脂乳代替，两个月龄以后，停止饲喂全乳。每次供给一次脱脂奶，供给脱脂奶时，应注意补充维生素 A 和维生素 D 及其他脂溶性维生素。

人工哺乳法有桶式和乳嘴式两种。一般日喂奶两次，当喂奶量少于 2 千克时可仅喂一次，乳的温度以 37～38℃为宜。犊牛由于食管沟的作用和瘤胃消化的特点，人工哺乳可以保证犊牛的健康，减少消化道疾病，但增加了饲养成本。

3. 供给优质的植物性饲料

（1）补喂干草。犊牛生后 7 周即可开始训练采食干草，方法是在牛槽或草架上放置优质的干草任其自由采食，及时补喂干草可以促进犊牛的瘤胃发育和防止舔食异物。

（2）补喂精料。犊牛生后 10 天左右就可以开始训练采食精料。开始喂时，可将精料磨成细粉并混以食盐等矿物质饲料，涂于犊牛口鼻处，教其舔食。最初几天的喂量为 10～20 克，几天后增加到 100 克左右，一段时间后，再饲喂混合好的湿拌料，湿拌料的喂量2月龄可增加到每天500克左右。

（3）补喂青绿多汁饲料。犊牛生后20天就可以在混合精料中加入切碎的胡萝卜、甜菜、南瓜或幼嫩的青草等，最初可以每天加10～20克。到60天喂量可达1～1.5千克。

（4）青贮饲料。青贮饲料可以从60天开始供给，最初每天可以供给100克，3月龄可供给1.5～2千克。

4. 供应充足的饮水　犊牛在初乳期即可在两次喂奶的间隔时间内供给36℃左右的温开水，15天改饮常温水，30天后可任其自由饮水。

（二）青年母牛的饲养

1. 舍饲饲养

（1）断奶1～2月龄。青年牛断奶到周岁期间是生理上生长速度最快的时期，在良好的饲养管理条件下，日增重较高，尤其是6～9月龄时更是如此。因此，在此阶段更要保证青年牛适宜的增重速度。不仅要尽可能地利用一些优质青粗饲料，而且还应供给适量的精料，至于精料供应的多少、精料的质量及营养成分的含量，则应根据青粗料的质量和采食量而定。一般地讲，这段时间精料的用量为1.5～3千克。粗饲料的喂量大约为青年牛体重的1.2%～2.5%，视粗料的质量及牛体的大小而定，其中以优质干草最好，也可以用适量的多汁料替代干草，但青贮饲料不应过多使用，特别是低质青贮饲料更不宜多用。

（2）周岁至初配。周岁以后，青年母牛消化器官的发育已接近成熟，而此时，牛仍未妊娠和产乳，为了进一步刺激消化器官增长，应给周岁至初配的青年母牛喂足够量且优质的粗料，但是，青饲料质量差时，应适当补喂少量精料，一般根据其饲料的质量优劣补喂1～3千克不等，并应注意补充钙、磷、食盐及必要的微量元素。

（3）受胎至第一次产犊。青年母牛配种受胎后，生长速度缓慢下降，体躯向宽、深方向发展，若有丰富的饲养条件，极易在体内沉积大量脂肪，这一阶段的日粮不能过于丰富，应以品质优良的青草、干草、青贮料和块根为主，精料可以少喂或不喂，但在分娩前2～3个月必须补充精料，由于此时胎儿迅速增大，同时乳腺快速发育，准备泌乳，需要加强营养，每日可补加精料2～3千克，同时应补喂维生素A和钙、磷等。

2. 放牧饲养 断奶之前的犊牛，如果已有过放牧的训练，在此期将公母牛分开重新组群断续放牧即可。否则，开始放牧时，应采取逐渐延长放牧时间的方法，使之适应放牧饲养方式。放牧饲养不仅可以少喂精料，而且可以锻炼青年牛的体质、肢蹄，增加消化力，从而培育出适应性强的成年牛。

青年牛放牧时的群体大小依饲养量和草地情况而定，在放牧期间应根据牧草的质量和数量，随时注意调整精料的喂量和补加干草的数量，但在放牧期间，骨粉和食盐等矿物质饲料仍需补充。

（三）青年公牛的饲养

青年公牛的饲养管理方法与母牛稍有不同，小公犊断奶一般比母犊稍晚些，用奶量较多，生长快，但6月龄以后公母发育速度差异不大，在断奶至周岁期间应适当控制青粗料给量，同时精料的供应量应比周期母牛稍多些，以防过多采食青粗料，导致腹部过大（草腹）。

对于周岁至初配阶段的青年公牛，必须限制容积大的多汁饲料和秸秆等粗料，但适当饲喂青贮料，对于促进食欲是有益的。周岁以上的青年公牛，青贮料日喂量以8千克为限，青类及块根类多汁料的饲喂量大体上也应按照这个标准。

（四）泌乳牛的饲养

正常情况下，母牛产犊后进入泌乳期，泌乳期的长短变化很大，持续280～320天不等，但登记和比较产奶量时一般以305天为标准，泌乳期的长短与奶牛的品种、年龄、产犊季节和饲养管理水平有关，尤其是饲养管理水平不仅关系到本胎次的产奶量和发情状况，而且还会影响到以后胎次的产奶量和奶牛的使用年限。

1. 调制日粮

（1）泌乳期母牛的日粮中应含有优质的青绿多汁饲料和干草，一般而言，由优质的青精饲料供给干物质应占整个日粮的60%左右，若有条件，夏季泌乳期奶牛最好采用放牧和舍饲相结合的方法，若缺少放牧条件或青草供应不足，舍饲的泌乳期母牛必须补充优质的青草、半干青贮、干草和精料，粗饲料的供给量按干物质计算可占母牛体重1%～1.5%，而精饲料的供应量则取决于产奶量的水平，60%以上的营养来源于优质的干草、青贮料等，也可利用玉米秸、玉米穗轴等，每头奶牛每天摄入1 722千克的干物质中仅有36%～40%来自精料，日粮中一般应含有16%左右的粗蛋白质，17%左右的粗纤维。

（2）泌乳期母牛日粮必须由多种适口性好的饲料组成，由于奶牛是一种高产的动物，每天需有大量营养物质在机体内代谢，因此，日粮组成应多样化，同时应适口性好，否则会由于适口性差，奶牛采食量不够而影响产奶量，日粮一般应含有2种以上粗饲料（干草、秸秆等）、2～3种多汁饲料（青贮料、块根、块茎类）和4～5种以上的精饲料组成（玉米、麸片、豆饼、豆粕、棉饼、菜籽饼等），精饲料应混合均匀。为提高饲料的适口性，可以在配合精料时加些甜菜渣、糖蜜等甜味饲料。

为了发挥不同饲料之间的营养需要，将所计算出的各种饲料调制成全价日粮，全价日粮中优质干草或干草粉应占15%～20%、青贮饲料占25%～35%、多汁料占20%、精饲料占30%～40%。

（3）泌乳期母牛日粮应有一定的体积和营养浓度。泌乳期母牛的干物质采食量多少与其产奶量密切相关，而干物质采食量多少又与日粮的体积和营养浓度对于维持泌乳奶牛的高产、稳定关系很大，在配合日粮时，既要满足奶牛对饲料干物质的需要，又要考虑日粮中能量的浓度。

（4）日粮应有轻泻作用。在以禾本科干草及秸秆为主的日粮中，应适当多用一些麦麸等略带有轻泻性的饲料，特别是产犊前后更应如此，麸皮可以在泌乳期奶牛日粮中占到精料的30%左右。

（5）保证日粮的质量。日粮的质量不仅在于以上提及的营养成分与含量，而且也应注意到日粮中所有原料的新鲜、无霉烂变质现象。因为霉烂、变质的原料配成日粮后不仅影响到泌乳期奶牛的产奶量，而且会对泌乳期奶牛本身造成危害。

2. 注意饲喂方法

（1）定时定量，少给勤添。定时饲喂指每天按时分次供给奶牛饲料，奶牛在长期的采食过程中可形成条件反射，在采食前消化液就可以开始分泌，为采食后消化饲料打下基础，这对于提高饲料中营养物质的消化率极为重要，如果改变时间，提前给予饲料，由于反射不强，可能会造成奶牛挑剔饲料，而且消化液未开始分泌或分泌不足，可能影响消化机能；饲喂过迟，会使奶牛饥饿不安，同样会影响消化液的分泌和奶牛对营养物质的消化和吸收，因此，只有定时饲喂，才能保证奶牛正常的消化机能活动。定量饲喂是每次给予奶牛的饲料数量基本固定，尤其是群饲时，精饲料应定量供给，而粗饲料可以采用自由采食的方式供给，这样可使泌乳奶牛在采食到定量的精饲料后，根据食欲强弱而自行调节粗饲料的进食量。“少给勤添”指每次供给奶牛的饲料量应在短时间内让其吃完，然后多次少量添喂，这样可以使奶牛经常保持良好的食欲，并使食糜可以均匀地通过消化道，而且可以提高饲料的消化率和利用率，因为一次给予奶牛过多饲料势必会造成奶牛的挑拣饲料，尤其会造成粗饲料的浪费。

（2）逐步更换饲料。由于奶牛瘤胃内微生物区系的形成需要30天左右的时间，一旦打乱，恢复很慢。因此，在更换饲料的种类时，必须逐渐进行，以便使瘤胃内微生物区系能够逐渐适应。尤其是青粗饲料之间的更换时，应有7～10天的过渡时间。例如：春天由干草进入饲喂青饲料阶段，虽然牛很爱吃幼嫩牧草，但由干草换为青草，势必会造成奶牛过度采食，影响消化，应首先由1/3的青草代替干草的1/3，3～5天后再代替干草的1/3，最后经3～5天的时间全部变换为青草，这样才能使奶牛能够适应，不至于产生消化混乱现象。

（3）认真清除饲料内异物。由于奶牛采食饲料时是将其卷入口内，不经咀嚼即咽下，故对饲料中的异物反应不敏感。因此饲喂奶牛的精料要用带有磁铁的筛子进行过筛，而在青粗饲料切草机入口处安装磁化铁，以除去其中夹杂的铁针铁丝等尖锐异物，避免网胃心包创伤。对于含泥较多的青粗饲料，还应浸在水中淘洗，晾干后再进行饲喂。

（4）饲喂次数和顺序。关于奶牛每天的饲喂次数，国内外有一定的差异，国内大多数采用3次饲喂，3次挤奶的工作日程，国外绝大多数实行2次饲喂2次挤奶的工作日程。不同的饲喂次数和挤奶次数对营养物质的消化率和产奶量有一定的影响，尽管饲喂3次比饲喂2次可以提高日粮中营养物质的消化率，但却大大增加了劳动强度。对于产奶量中等的奶牛（如泌乳量为3 000～4 000千克），可以饲喂2次；如产奶量较高（如泌乳量超过6 000千克的奶牛），宜采用3次饲喂、3次挤奶的工作日程，这有利于产奶量的提高。

在奶牛饲料的饲喂顺序上，一般采用先粗后精，先干后湿的方法，但也有许多奶牛场采用先精后粗，最后饮水的方法，具体采用哪一种饲喂顺序可以根据奶牛场的具体情况灵活掌握。

（5）保证奶牛充足的饮水。饮水对奶牛非常重要，饮水不足会直接影响到奶牛的产奶量，牛奶中87%左右是水分，据报道，日产奶50千克以上的奶牛每天需饮水100～150升，中低产奶牛每天需水60～70升。因此，必须保证奶牛每天有充足的饮水，有条件的可让奶牛采用自由饮水的方式。因此，奶牛场内的水槽或自动饮水器内要经常冲洗、消毒。尽量避免饮不洁净的水（如沟、河、渠内的死水）。饮水的温度也非常重要，尤其是冬季应防止奶牛饮冰水，水温应保持在8℃以上。

三、肉牛的饲养技术

1. 定时定量，防止“掉槽” 肉牛宜分早、中、晚3次饲喂；母牛日喂两次也可，如果随意打乱饲喂时间和任意改变日粮组成，使牛饱一顿、饥一顿，就会使牛吃不饱草，引起“掉槽”。即在饲喂过程中出现反刍现象，影响牛的采食、反刍、休息等正常生理规律。

2. 放牧舍饲，逐渐转换 如果有牧地应尽量利用放牧饲养，以节省成本，由冬季舍饲转入春季放牧不宜太早，因牛啃食低草能力极差，将会影响牛的膘情。俗语说：羊盼清明牛盼夏（立夏），开始每天可牧食青草2～3小时，逐渐增加放牧时间，最少10天后才能全部转入放牧。如果一开始就完全放牧，由于青草较低牛吃不饱，造成“跑青”，徒然消耗体力而使牛膘情下降，同时由于草料突然变更，由干草改青草，牛容易发生拉稀和膨胀，消化功能混乱，开始放牧，晚间一定要补饲干草或秸秆，膘情差的及孕牛、哺乳牛还应补给精料0.5～1千克。同样，放牧转入舍饲也要逐渐进行。

3. 花草花料，合理搭配 牛的饲草饲料要多样化，例如精料、粗料、青绿多汁饲料要搭配，能量饲料、蛋白质饲料要搭配、禾本科草类与豆科草类搭配等。草料多样化，营养物质可以起到互补的作用，再一个好处是可以提高适口性，促进食欲，由于多种饲料的搭配，在需要改变日粮组成时也比单一饲料的改变容易得多。

4. 少给勤添、精心喂养 牛喜吃新鲜草，为了不使草料浪费，保证旺盛的食欲，应少给勤添以粗料为主的日粮，为了促使牛上饱草，大多用拌料的方法喂，拌料时头几和料少些，水也少些，最后两和料大水多，使牛连吃带喝，一气喂饱，粗饲料要铡短、筛净，不能喂霉烂变质的饲草饲料。草料中要防止铁丝、铁钉、玻璃碴等异物，城镇附近收购的草及饼类饲料中尤其容易混放铁丝，也可通过磁铁装置处理后再喂牛。

5. 饮水充足，促进新陈代谢 牛需要足量的饮水才能进行正常的新陈代谢作用，谚语说："草膘料，水精神"。饮水充足，牛肌肉发达，被毛光泽、精神饱满，生长发育良好，生产力提高，在无自动饮水设备的条件下，除饲喂时给水外，运动场应设有水槽，饮水要洁净，冬季要饮井温水或加热的温水，以减少肉牛能量的消耗。

6. 肉牛肥育技术 肉牛肥育是根据肉牛的生长发育规律，科学地应用饲料和管理技术，提高饲料利用率，降料料肉比改善牛肉成分，提高牛肉的品质，生长出符合人们需要的优质牛肉，以获得较高经济效益。

（1）肥育的年龄及屠宰体重。众所周知，口轻的牛正处于生长旺盛期，其平均日增重较高，增重的饲料消耗较低，犊牛在生长期间，早期的体重增加是以肌肉和骨骼为主，后期是以沉积脂肪为主，同时不同年龄，不同体重的牛。其牛肉中营养物质的含量也有明显差异。

犊牛肌肉的增长，主要依靠肌纤维体积的增大。如果犊牛出生后的前 7 个月肌肉相对生长速度为 100%，则 4 月龄为 106%；18 月龄为 92%，29 月龄仅为 76%。由此可知，14 月龄左右的犊牛其肌肉相对生长速度最高，18 月龄后肌肉的绝对和相对生长速度都降低。这是由于随着年龄增长，体内氮的沉积能力下降，可见犊牛出生后，肌肉生长有两个旺盛阶段，出生到 7 月龄、14～18 月龄。

牛生长期间，随着肌肉组织的增加，同时发生脂肪组织的沉积。从出生到 18 月龄的公犊，胴体中脂肪的含量由 3.8%增加到 18.9%。蛋白质相对含量从 17.5%降到 14.2%，即脂肪含量相对增加，蛋白质含量相对减少。

根据肌肉和脂肪生长规律还不能解决肥育牛的最适年龄问题，必须同时考虑不同年龄屠宰牛的肉的数量和营养价值，研究表明：400 千克活重的犊牛，干物质约有 8 千克，其中可食用部分约 54 千克；活重 500 千克的牛，含有机物质约 215 千克，可食用部分约 160 千克。随着肥育年龄的增长，肉中能量营养迅速提高，每千克牛肉约含能量 6 280 千焦耳。因此，肉牛的最适宜屠宰体重应是 18～24 月龄时，体重达 450～500 千克。

（2）肥育牛的环境温度要求。不同的环境温度对肥育牛的营养需要和增重影响很大，牛在低温环境中，为了抵御寒冷，而需增加产热量以维持体温使相对多的营养物质通过代谢转换成热能而散失。使饲料利用率下降。所以对处于低温环境的牛要相应增加营养物质才能维持较高的日增重。在高温环境下，牛的呼吸次数和体温随气温升高而增加。采食量减少，温度过高时，牛的食欲下降甚至停食，严重的中暑死亡。特别在肥育后期牛膘较肥，高温危害更为严重。根据牛的生理特点，肥育的最适环境温度以 16～24℃为宜。

（3）饲喂强度和肥育持续期。在肉牛生产中，达到屠宰体重的时间越短其经济效益越高。试验表明，牛只 300 千克活重每天维持生命需要约 7 兆焦增重净能，而每千克增重需要 18 兆焦增重净能。在任何强度肥育情况下，直接用于产肉的饲料消耗是相同的，然而随着饲喂强度的降低，肥育期延长，用于维持生命的饲料消化就大为增加，肥育期越长，非生产性饲料消耗越高。因此，在不影响牛的消化吸收的前提下，喂给的营养物质越多，所获日增重就越高，每单位增重所消耗的饲料就越少。

根据牛的生长规律，幼牛在肥育前期应供应充足的蛋白质和适当的热能，后期要供给充足的热能。任何年龄的牛，当脂肪沉积到一定程度后，其生活力降低，食欲减退，饲料转化效率也较低，日增重减少。如再肥育就得不偿失，屠宰质量好的牛，如果拖长肥育期，则导致生产牛肉的无效的饲料和劳力的消耗增加，并由于牛体内不稳定的贮存物质参与代谢而使牛肉的品质下降。

一般来讲，老残牛肥育持续期仅需 3 个月；膘情好的幼牛以 3 个月为宜，中等和中等以下膘情的幼牛以 3～5 月为宜；膘情较差的幼牛，先要喂养一段时间再肥育。否则瘦牛在肥育期间，过量饲料将导致严重肥胖而肌肉增加较少，膘体中积累过量脂肪而降低牛的品质。

四、提高母牛繁殖率的措施

（一）消灭空怀

1. 提高适龄母牛比例 加强对基础母牛的保护，在一般牛群中基础繁殖母牛应占 50%以上，3～5 岁的母牛应占繁殖母牛的 60%～70%。

2. 熟悉母牛繁殖情况 做好牛群登记工作，做到心中有数，对母牛的繁殖情况，基层配种员应了如指掌。

3. 狠抓上年空怀母牛的适时配种 母牛上年空怀，翌年早春来到时要充分注意母牛发情补配工作。

4. 犊牛适时断奶 抓好犊牛按时断奶工作，促进母牛性周期活动和卵泡发育，能提早发情，提高受配率。

5. 消灭不孕症 及时检查和治疗母牛不孕症必须对母牛的不孕进行深入细致的研究，找出不孕的原因和发病规律，才能找出防治母牛不孕症的有效措施和方法，尽快消灭不孕，提高受配率。

（二）防止流产

流产是指母牛妊娠中断，胎儿未足月就脱离子宫而死亡。应找出主要原因，采取有效措施，防止流产。

1. 加强责任心 充分调动饲养员的积极性，加强责任心教育，爱护怀孕母牛。

2. 精心饲养 抓好母牛膘情，对妊娠后 5 个月的母牛要精心饲养严格禁止饲喂发酶、腐败、变质的饲料，防止空腹饮水。

3. 加强管理 要熟悉母牛的配种日期和预产期，防止踢、挤撞，哺乳犊牛 6 个月后及时断奶。

4. 合理使役 孕牛妊娠四五个月后要掌握轻重，防止过重或急赶引起流产，临产前 1～2 个月停止使役。

第十四讲 养鸡实用技术要点

一、鸡标准品种的选择

国际上公认的家禽品种，称为标准品种，这种品种的特点是生产性能较高，体形外貌一致，但对饲养管理条件要求也高。

1. 来航鸡 原产意大利，因最先由意大利的来航港出口而得名，是世界上产蛋最多、分布最广的蛋用品种，按冠形和羽色有12个品变种，其中以白色单冠来航鸡生产性能最高，分布最广，当前各国培育现代鸡种中的白壳蛋鸡都来自白来航鸡。

来航鸡性情活泼，行动敏捷，觅食力强，富神经质，容易惊群。

2. 洛岛红鸡 育成于美国罗得岛州，有单冠和玫瑰冠两个品变种，我国引进的是单冠洛岛红。该鸡育成曾引入我国的九斤黄鸡。洛岛红鸡外貌的最大特点是体躯长，略似长方形、背长而平、皮肤和脚黄色或褐黄色。

3. 新汉夏鸡 育成于美国新罕布什尔州，是从引进的洛岛红鸡经过30多年的选育而成的新品种，属兼用型。该鸡的特点是生活力强，羽毛生长快，性成熟早，产蛋多，蛋重大。

4. 芦花鸡 属洛克品种，兼用型，育成于美国。该鸡育成过程中，曾引入我国的九斤黄鸡。洛克品种按羽色、羽斑的不同有7个品变种，我国引进的有斑纹、浅黄和白色三个品变种，斑纹洛克在我国称为芦花鸡。

5. 狼山鸡 产于我国江苏省南通地区，由于南通南部有座小山叫狼山，故取名狼山鸡。兼用型，1872年首先输往英国，英国著名的奥品顿鸡含有狼山鸡的血液，在美国1883年承认为标准品种。

6. 白洛克鸡 产于英国，与芦花鸡共属洛克鸡种，原属兼用型，由于它早期生长快和当时用仔鸡业发展的需要需育成肉用型，属大型肉用鸡种，由于产蛋较多，在现代肉用仔鸡生产中常用以做母系。

7. 考尼什鸡 原产英国，是世界著名的大型肉用鸡种，是由几个斗鸡品种与英国鸡杂交而育成，羽毛颜色有好几种，但以白色为最多，在现代肉用仔鸡生产中常用以做父系。

8. 丝毛鸡 又名乌骨鸡或泰和鸡，原产我国江西、福建、广东等省，现已分布国内外。在国外列为观赏品种，在国内列为药用品种，用以配制妇科中药“乌鸡白凤丸”的原料。

二、蛋用型鸡的饲养技术

蛋用型鸡的饲养主要包括：育雏期、育成期、产蛋期的饲养。

（一）育雏期的饲养

1. 雏鸡的生理特点 ①初生雏的神经系统发育不健全，调节体温的机能不完善，雏鸡绒毛稀短，保温御寒能力差，随着神经系统的发育和羽毛生长，雏鸡的体温调节机能逐渐加强，从而对外界气温变化的适应性也逐渐增强，初生雏的体温（39～40℃）低于成年鸡（41～42.5℃）。因此，在育雏期必须供给适宜的环境温度，才能保证雏鸡正常的生长发育。②雏鸡消化器官容积小，食量少，消化能力差，但生长快，新陈代谢旺盛，蛋用型雏鸡 6 周龄体重比初生重增加 10 倍，由于新陈代谢旺盛，单位体重需要的新鲜空气和呼出的二氧化碳量多。因此，在调制饲料时，应注意营养全面而且容易消化；不断供水；保持舍内空气流通和防止潮湿，以充分满足其生长需要。③雏鸡抵抗力差，无自卫能力，幼雏鸡体小娇嫩，对疾病抵抗力很差，动物侵害时不能自卫，因此，在管理中，应注意清洁卫生、经常刷洗用具、保持环境安静、加强防疫消毒、预防疾病发生、防止兽害。

2. 雏鸡的饲养技术

（1）初生雏的接运。初生雏鸡腹内残留的部分未利用的蛋黄，可以作为初生阶段的营养来源，所以初生雏在 48 小时或稍长的一段时间内可以不喂饲。进行远途运输，但为确保雏鸡健康和以后正常生长发育，应待雏鸡分级、鉴别和防疫接种之后尽早启程运输，并根据路程远近决定运输工具，使其尽早到达育雏室。运输最好用专用雏箱，也可用厚纸箱和小木箱，箱的四壁应有孔或缝隙。专用雏箱，每箱100只，并分4个格以防挤压，替代箱也要注意不能过分拥挤。装运时要注意平稳，箱之间要留有空隙，并根据季节气候做好保温、防暑、防雨、防寒等工作。运输中要注意观察雏鸡状态，每隔0.5～1小时检查一次，防止因为闷、压、凉或日光直射而造成伤亡或继发疾病。

雏鸡运到育雏室后，要尽快卸车，连同雏箱一同搬到育雏舍内，稍息片刻后，便可将雏鸡轻轻放入育雏舍或育雏器内。

（2）饮水。雏鸡出壳后一直处在较高的温度条件下，育雏舍内温度也较高，空气又较干燥，雏鸡的新陈代谢又强，所以体内水分消耗很快。据研究，出壳后24小时体内水分消耗8%，48小时则达75%，如果长时间得不到补给就会发生脱水而严重影响以后的生长发育。另外，雏鸡生长发育过程中也需要大量水分。所以在饮食前应先饮水，在整个育雏期内，必须保证充足清洁饮水。尤其是在高密度立体育雏情况下更应注意。

饮水的方法是使用雏鸡饮水器，在雏鸡入舍后，即可令其饮水，最初可饮温开水，对于因长途运输发生脱水的雏鸡，可饮1～2天5%～10%的糖水，对于不会饮水的雏鸡要注意调教，方法是将其浸入水中一下，帮助学会，平时应每天刷洗饮水器，并定期消毒，同时也应根据雏鸡周龄、体重、环境温度和饲料的质地成分等合理掌握雏鸡每天的饮水量，一般情况下，雏鸡的饮水量是采食量的2～2.5倍或体重的18%～20%。

（3）开食和喂饲。初生雏第一次喂饲叫开食，开食要适时，过早开食雏鸡无食欲，过晚开食则影响雏鸡的成活率和以后的生长发育，实践证明，鸡出壳后24～36小时，初次饮水后2～3小时开食为宜。

用混合料拌潮或干粉料开食，开食时，有些雏鸡不知吃食，要人工训练几次，力求每只雏鸡都学会吃食，为促使雏鸡吃食和便于所有雏鸡都同时吃到食，头几天可将饲料直接撒布在深色塑料布上，或用60厘米×40厘米的开食专用料盘，每个可供100只雏鸡采食，以后可改用雏鸡食槽或料桶。喂湿料要分次喂饲，第一天根据开食时间可以喂饲2～3次，从第二天起每天可喂6～8次，到4周龄起改喂5次，7周龄时改喂4次，食槽的高度应随鸡体高度而调整，使槽的上缘与鸡背等高或略高于鸡背2cm左右，以免鸡扒损饲料，随着雏鸡的长大，食槽和水槽型号要更换，并保证足够的数量。蛋用型雏鸡需要掌握食槽和水槽长度。

雏鸡的饲料，按饲养标准结合雏群状况配制，从第四日龄起应在饲料中另外加1%的不溶性砂砾，以促进消化，特别是网上育雏和笼育，更应注意补给，砂砾应随鸡龄增加逐渐加大。

（二）育成期的饲养

育雏期末到鸡性成熟为育成期，指 7～20 周龄。这个阶段饲养管理的好与坏，极大地决定了鸡性成熟后的体质、产蛋状况和种用价值，切不可忽视，育成期的饲养管理任务是：培育具有优良繁殖体况，健康无病、发育整齐一致，体重符合标准的高产鸡群。

1. 育成鸡的生长发育特点

（1）各个器官发育趋于完成，机能日益健全。①体温调节机能。雏鸡达 4～5 周龄时，全身绒毛脱换为羽毛，并在 8 周龄时长齐以后，几经脱换最终长成鸡羽，鸡体温调节机能逐步健全，使鸡对外界的温度变化适应能力增强。②消化机能。随着雏龄的增加，消化器官特别是胃肠容积增大，各种消化液的分泌增多，对饲料的利用能力增强，到育成末期，小母鸡对于钙的利用和存留能力显著地增强。③生殖机能。育成鸡在 10 周龄时，性腺开始活动发育，以后发育很快，到 16～17 周龄时便接近成熟，但此时身体还未发育成熟，如果不采取适当饲养管理措施，小母鸡便提早开产，而影响身体发育和以后产蛋。④防御机能。育成期除了鸡体逐渐强壮和生理防御机能逐步增强外，最重要的是免疫器官也渐渐发育成熟，从而能够产生足够的免疫球蛋白，以抵抗病原微生物的侵袭。所以，育成期应根据鸡群状态和各种疫病流行发生特点，定期做好防疫接种工作。

（2）体重增长与骨骼发育处于旺盛时期。据研究，育成期的绝对增重最快，如果以整个生长期体重的绝对增重为100%，育雏期增重为75%以上，产蛋期仅为25%左右，尤其是褐壳蛋鸡育成期体重增长更快，13周龄后，脂肪积累增多，可引起肥胖，所以一般应在9周龄以后实行限饲。骨骼在此阶段发育也很快，到16～18周龄时，蹠骨长度即达成年标准，身体其他部位的骨骼也基本发育完成。

（3）群序等级的建立。养鸡是实行群饲，在鸡群中群序等级的建立是不可避免的，是鸡群的一种正常的行为表现，它对生长发育也有一定影响，鸡群在8～10周龄时开始出现群序等级，到临近性成熟时已基本形成。如果此期间经常变动鸡群，会使原群序等级打乱而重新建立，这会干扰鸡群的正常生长发育。鸡群中位于群序等级末等的鸡只，会因饲槽、水槽以及休息运动不好，从而导致鸡群发育不整齐，所以，育成期保持鸡群和环境相对稳定，供给足够的食槽、水槽以及适宜的空间非常重要。

2. 育成鸡的饲养技术 根据育成鸡的生理特点和生产目的，调整饲料组成，适当控制饲料给量和锻炼其体质发育是高成鸡饲养的主要技术工作。

（1）逐渐降低能量、蛋白质等营养的供给水平。育成期如果仍然供给育雏期的饲料，就会使鸡发育过快、过肥，将会导致成年后的生产性能和种用价值降低，所以，育成期应随着育成鸡的生长逐步降低饲料中蛋白质、能量等营养水平，保证维生素和微量元素的供给。这样，可使生殖系统发育变缓，又可促进骨骼和肌肉生长，增强消化系统机能，使育成鸡具备一个良好的繁殖体况并能适时开产。减少饲料中蛋白质能量的原因是：由于采食量与日俱增，每天的蛋白质摄入量就会增加，如果饲料中蛋白质水平不逐渐减少，就会超出实际需要量，这样不但会提高饲料成本，还会使鸡体重过大，生殖系统发育过快，提早产蛋而影响以后生产能力的发挥。而使用低能量的含粗纤维较多的饲料，降低饲料中的能量，不仅降低饲料成本，更主要的是随着鸡消化器官的发育，以利于锻炼胃肠，提高对饲料的利用率，同时，还可降低脂肪的过多沉积，应当强调的是在降低蛋白质和能量水平时，应保证必需氨基酸，尤其是限制性氨基酸的供给。

在生产中，应根据育成鸡每天的采食量和标准要求增加的体重克数来掌握其应该食入的蛋白质数量，从而配制合理的育成期饲粮。

(2) 限制饲养。蛋用型鸡在育成期适当的限制饲养，其目的在于提高饲料利用率，控制体重和适时开产。

限制饲养的作用：有些鸡种在育成期只降低饲料中蛋白质等营养物质水平仍不能控制体重增长和脂肪的沉积，采用适当地限制饲养可获得合适体重，节省饲料成本 10%～15%，由于限制饲养过程中，不健康的鸡耐受不住而被淘汰，可提高产蛋期存活率。

限制饲养的方法：有限时法、限量法和限质法等。限时法即限定喂饲时间，又分每天限时和每周限时（每周停喂一天或两天），限量法即限制饲料的供给量，是蛋用鸡多采用的方法，一般限制自由采食量的10%，多与限时法结合使用。限质法即限制饲料的质量，而不限制采食量，由于这种方法是打破饲料的营养平衡，掌握不好会使鸡体质太差，一般不采用。

实施限制饲养时，要以本鸡种的标准体重为依据，考虑鸡群状态、技术力量、鸡舍设备、季节、饲料供给等具体条件决定。在我国目前生产水平下，可考虑在褐壳蛋鸡的育成期采用，白壳蛋鸡一般不限饲。

（3）限制饲养应注意事项：①开始限饲时间，一般应在9周龄开始之日起实行，以前均可自由采食。②限制的体重减少范围。到20周龄时白壳蛋鸡体重较自由采食的鸡低7%～8%，褐壳蛋鸡低10%左右。限制饲养期间应定期称重，一般每周或每两周喂前称重一次，与标准体重比较，差异不能超过10%。如果出现偏高达同期标准后，再增加给量，体重小的应适当增加饲料量。③设置足够饲槽、水槽，并在舍中均匀分布，以保证每只鸡都有采食位置。④限饲前要做好免疫接种和驱虫工作。⑤限饲过程中，如果鸡群发病、接种疫苗、转群等，可暂时停止限饲，待消除影响后再恢复进行。

⑥限饲应与光照相配合，保证育成鸡在适宜周龄和标准体重范围内开产。⑦在停饲日不要喂给砂砾，以防止鸡过食砂砾影响以后正常采食。

3. 产蛋期的饲养

（1）产蛋鸡的生理特点：①生理特点。开产后身体尚在发育，刚进入产蛋期的母鸡，虽然性已成熟，开始产蛋，但身体还没有发育完全，体重仍在继续增长，开产后70周，约达40周龄生长发育基本停止，体重增长极少，40周龄后体重增加多为脂肪积蓄。②产蛋鸡富于神经质，对于环境变化非常敏感。母鸡产蛋期间对于饲料配方变化；饲喂设备改换，环境温度、湿度、通风、光照、密度的改变，饲养人员和日常管理程序等的变换以及其他应激因素等都会对产蛋产生不良影响，影响鸡的生产潜力充分发挥。③不同周龄的产蛋鸡对营养物质利用率不同。母鸡刚达性成熟时（蛋用鸡一般在17～18周龄），成熟的卵巢释放雌激素，使母鸡的“贮钙”能力显著增强，随着开产到产蛋高峰时期，鸡对营养物质的消化吸收能力很强，采食量持续增加，而到产蛋后期，其消化吸收能力减弱而脂肪沉积能力增强。④换羽的特性。母鸡经一个产蛋期以后，便自然换羽，从开始换羽到新羽毛长齐，一般需2～4个月的时间，换羽期间因卵巢机能减退，雌激素分泌减少而停止产蛋。换羽后的鸡又开始产蛋，但产蛋率较第一个产蛋年降低10%～15%，蛋重提高6%～7%，饲料效率降低12%左右，产蛋持续时间缩短，仅可达 34 周左右，但抗病力增强。

（2）鸡的产蛋规律。母鸡产蛋具有规律性，就年龄讲，第一年产蛋量最高，第二年和第三年每年递减 15%～20%，就第一个产蛋年讲，产蛋随着周龄的增长呈低一高一低的产蛋曲线。

根据母鸡产蛋特点，产蛋期间可划分 3 个时期，即始产期、主产期、终产期。

①始产期。个体母鸡从产第一枚蛋到正常产蛋开始，约经 1 或 2 周时间为始产期。鸡群的始产期，一般是指产蛋率 5%～50%的期间，一般为 3～4 周。此期中，母鸡的产蛋模式不定，如产蛋间隔时间长，双黄蛋和软壳蛋较多，一天内产一枚畸形蛋和一枚正常蛋等。

②主产期。是母鸡产蛋年中最长的时期，此期母鸡的产蛋模式趋于正常，每只鸡均有自己特有的产蛋模式，产蛋率上升很快，一般在 27～30 周龄，达产蛋高峰并持续一段时间，然后每周以 0.7%～1%的速度缓慢下降。

③终产期。此期相当短，产蛋率迅速下降，直到不能产蛋为止，一般 6～8 周。

根据母鸡产蛋期间的产蛋规律，其产蛋曲线有 3 个特点：即产蛋率上升快、下降平稳和不可补偿性。现代鸡种开产至产蛋高峰只需 3～4 周时间，产蛋率上升非常快，产蛋高峰过后，产蛋率下降缓慢。而且平稳到 72 周龄淘汰时，产蛋率仅下降

25%~30%；在养鸡生产中，如果由于营养环境条件等方面因素下滑，产蛋恢复后，产蛋曲线不会超出标准，产蛋率下降部分不能得到补偿。

（3）能量需要。产蛋鸡的体温高、代谢旺盛，产蛋多，现代化高产鸡群年平均产蛋量可达280枚，年总产蛋量为15千克以上，是鸡体重的10倍，除此之外，新母鸡本身体重还要增加25%左右，所以母鸡在一个产蛋年中必须摄入相当于体重20多倍的饲料。并且要求营养全面。产蛋鸡的一切生理活动以及蛋的形成和产出都需要能量，并且鸡有根据饲料中能量高低来改变采食量的特点，饲料中能量高时，采食量少些，饲料中能量低时，采食量多些，采食量发生变化后，其他营养成分的摄入量也随之发生改变。所以，在配合鸡的饲料时，应首先确定适宜的能量，然后在此能量基础上确定其他营养成分的需要量。

（4）蛋白质需要。产蛋鸡对蛋白质的需要不仅要从数量上考虑，更重要的是要从质量上注意。①蛋白质的需要量。需要量的多少受鸡体重大小、产蛋率的高低和不同周龄等的影响，体重1.8千克的母鸡，每天维持需要3克左右蛋白质，产一枚蛋需要6.5克。蛋白质的利用率为57%，故每天需从饲料中获得17克左右的蛋白质，在实际生产中，产蛋率不能达到100%，所以，蛋白质实际需要量要低于17克。

鸡对蛋白质的利用，有1/3用于维持需要，

2/3用于生产需要，可见饲料中所提供的蛋白质主要用于形成鸡蛋，如果不足，产蛋量会下降。②氨基酸的需要。鸡对蛋白质的需要实质上是对必需氨基酸的种类和数量的需要，即氨基酸在饲料中是否平衡。产蛋鸡必需的氨基酸有12种，包括蛋氨酸、赖氨酸、色氨酸、亮氨酸、精氨酸、组氨酸、异亮氨酸、苏氨酸、苯丙氨酸、颉氨酸、酪氨酸和胱氨酸。由于蛋氨酸、赖氨酸和色氨酸在一般谷物中含量极少，鸡在利用其他各种氨基酸合成蛋白质时，均受到它们的限制，称为限制性氨基酸，当在较低蛋白质水平的饲料中添加适量的限制性氨基酸时，可提高其他氨基酸的利用率，从而降低饲料成本，又能提高产蛋量，生产中，在产蛋鸡的饲料中，按饲养标准对氨基酸的需求量适当加入限制性氨基酸而不加鱼粉是可行的，当然，动物性蛋白质饲料中除氨基酸组分完善外，还有维生素B_{12}和未知生长因子，它们对提高产蛋量和种蛋受精率及孵化率具有一定作用。在配制产蛋鸡（特别是种鸡）饲料时，在氨基酸平衡的情况下，添加少量的优质鱼粉，其实质是保证对维生素B_{12}和未知生长因子的需要。

蛋白质和氨基酸的需要量的表示方法有两种：一种是粗蛋白质和氨基酸占饲料质量的百分比，另一种是蛋白或氨基酸与能量之比。

（5）矿物质需要。天然饲料中常常不能满足产蛋鸡对某些矿物质的需要，必须另外补加矿物质饲料或添加剂。产蛋鸡必需的矿物元素有14种，包括钙、磷、钠、钾、氯、镁、锰、锌、铁、铜、钼、硒、碘、钴。

钙和磷。钙对产蛋鸡是至关重要的，因为蛋壳中约含有35%的钙，每枚蛋壳重6.3～6.5克，含钙2.2～2.3克，若产蛋率为70%，则每天为形成蛋壳需要的钙为1.5～1.6克，饲料中钙的总利用率按50%计算，每天应供给产蛋母鸡3.0～3.2克钙。在产蛋高峰期，母鸡需要的钙量还要多些。当饲料中短期缺钙时，鸡体动用贮存的钙形成蛋壳，维持正常产蛋，当长期不足时，鸡体贮有的钙满足不了需要，将产软壳蛋，甚至停产。同时，鸡还会患软骨症。

由于粉状钙质饲料在鸡肠道内存留时间很短，排出的多，利用的少，而颗粒状钙质饲料可在肠道内存留较长时间，能被充分利用，所以，产蛋鸡饲料中应有一定量的颗粒状钙质饲料，实践证明，饲料中的钙应有30%～50%为钙粒。另外，如果饲料中粉末状钙质饲料比例过大还会使适应性下降，影响鸡的采食量，因此，有必要另设饲槽供给颗粒状钙质饲料任鸡自由采食。

磷是骨骼、蛋壳的组成成分，同时有助于营养代谢，对钙的正常吸收利用也有一定的作用，由于产蛋鸡对于谷物中的植酸磷利用率低，仅为30%～50%，而对于无机磷利用率可视为100%，因此，饲料中必须有一定量的无机磷，实践证明无机磷应占总磷的1/3以上。

最近的研究结果表明，产蛋母鸡饲料中3.5%的钙和0.3%的可利用磷，对于产蛋量和蛋壳质量是最有利的。

钠和氯。钠和氯在血液、胃液和其他体液中含量较多，有重要的生理作用，在饲养蛋鸡时，多以食盐的形式补给。实践证明，当饲料中食盐不足时，则鸡的消化不良，食欲减退，易发生啄癖，体重和蛋重减轻，产蛋率下降，但也不能过多，否则会引起鸡中毒。

锰。锰与骨骼生长和繁殖有关。缺乏时产薄壳蛋，蛋的破损率增高，产蛋率和孵化率下降。

锌。锌在鸡体内分布很广，很多组织中都含有锌，缺锌时，母鸡产蛋率下降，种蛋孵化率降低，孵出的鸡雏骨骼发育受损严重，弱雏率增高。

其他的许多矿物质元素在维持产蛋鸡的正常生理和保证产蛋量上都很重要，但大部分在饲料中不易缺乏，有些则在特定环境条件下需要添加，例如喂给产蛋鸡缺硒饲料时，应补加硒。

（6）维生素需要。由于鸡不像家畜那样能靠肠道中的大量微生物合成维生素。所以，必须由饲料中供给。而且随着现代化养鸡生产的发展，给产蛋鸡造成的应激因素增多而影响产蛋。维生素对于缓解和减少应激反应有重要的作用。因此，产蛋鸡对维生素的需要量也有所增加，产蛋鸡必须从饲料中摄取的维生素有13种，其中脂溶性维生素A、D、

E、K 4 种，水溶性有维生素 B_1、B_2、B_6 及烟酸、泛酸、生物素、叶酸、维生素 B_{12} 和胆碱 9 种。另外，维生素 C 虽然可在鸡体内合成，但因为它可以缓解热应激，尤其是在现代高密度饲养条件下有补充的必要。

（7）产蛋期的饲养。我国产蛋鸡饲养标准，按产蛋水平分三个档次，各档次的能量水平相同，而粗蛋白质等营养水平，则随着产蛋水平增加而增加，产蛋鸡从饲料中摄取营养的多少主要取决于采食量，而采食量的多少，受饲料中能量水平环境温度、产蛋量高低和所处生理阶段对各种营养利用率不同等的影响，所以，生产中应用饲养标准时应考虑这几个方面因素而进行适当调整，主要是调整粗蛋白质、氨基酸和钙的含量。

（8）饲料形式和喂饲方式。产蛋鸡饲料形式分粉料和粒料，粉料是把饲粮中全部饲料调制成粉状，然后加入维生素、微量元素等添加剂混拌均匀。粉料优点是鸡不能挑食使鸡群都能吃到营养全面的配方饲料，适于各种类型和不同年龄的鸡。产蛋鸡的粉料不宜过细，否则易飞散损失和降低适口性。粒料指整粒的或破碎的玉米、高粱、麦粒、草籽等，适口性好，鸡喜欢采食，在消化道口停留时间较粉料长，适宜冬季傍晚最后一次喂饲。缺点是单纯喂粒料，营养不完善，在使用上应与粉料搭配。

喂饲方式有两种。一种是干粉料自由采食，多用于料桶或拉链喂料机喂饲，优点是鸡随时可吃到饲料，强弱鸡营养差距不大，节省劳力；另一种是湿粉料分次喂饲，每日把饲料分几次用水或鱼汤、青菜汁拌湿喂给产蛋鸡，其优点是适口性好，鸡喜欢吃，采食量大。缺点是弱鸡往往采食不到足够的营养，造成强弱差距加大，增加淘汰鸡数量，湿料分次喂饲每天4～5次，春、秋季节太阳出来喂第一次，晚上日落前1小时喂最后一次。夏季因天气炎热，应集中在早晚喂饲。冬季夜间长，应提早开灯喂鸡。分次喂饲的次数与时间确定之后，不要轻易变动，以免影响产蛋。

产蛋鸡每只每天采食100～120克配合饲料，要根据天气和产蛋量的变化，调整喂饲量，每天饲料量要有记录，要注意产蛋鸡的供水，特别是干粉料自由采食时，更应保证经常不断，产蛋鸡的饮水量为采食量的2～3倍。

(9) 调整饲养。根据鸡的周龄和产蛋水平以及环境条件与鸡群状况的变化，及时调整饲料配方中各种营养成分的含量，以适应鸡的生理和产蛋需要。这种方法叫调整饲养。

①按鸡的产蛋规律进行调整。在调整营养物质水平时，掌握的原则：上高峰时为了“促”，饲料要走在前头；下高峰时为了“保”，饲料要走在后头。也就是上高峰时在产蛋率上来前1～2周要先提高营养标准，下高峰时在产蛋率下降后1周左右降低营养标准。

②按季节气温变化调整。环境温度不同，鸡的采食量有很大变化，气温低时采食量增加，应提高能量降低蛋白质水平，气温高时采食量下降应减少能量提高蛋白质水平。

③鸡群采取技术措施时调整。如在断喙的前后各一天，在每千克饲料中加维生素 K5 毫克，一周内增加 1%的蛋白质，接种疫苗后的 7～10 天，也宜增加 1%的蛋白质。

④出现啄癖时的调整。鸡群如出现啄癖，除消除原因外，在饲料中适当增加粗纤维饲料；啄羽严重时，可加喂 1%～2%的食盐 1～2 天。

⑤限制饲养。产蛋鸡在产蛋后期实行适当限制采食量的办法，可降低饲料成本而不影响产蛋，并可防止体内脂肪沉积和减少死亡率，产蛋鸡限饲的关键是找准自由采食量，可以在同群鸡中随机抽出 100 只，以同样饲养方式自由采食，统计采食量，然后按此量减少 5%～7%，作为大群鸡的限饲量。

（10）防止饲料浪费。饲料费约占养鸡成本的 70%左右，因此，节省饲料可大大降低养鸡成本。①使用全价饲料。全价饲料能满足鸡的生理和生产需要，饲料转化率高，虽然单价高，但经济效益好。②饲养鉴别母雏，及时淘汰公雏。③公、母比例要适当，繁殖季节过后，立即淘汰公鸡。④随时淘汰病、弱、残和不产蛋的母鸡。⑤料槽、水槽结构要合理，数量要够，摆放均匀，高度适中，防止鸡扒料、抢料。⑥注意饲料保存，防鼠、防雨雪、发霉变质和阳光直射，添加剂饲料更要注意保存。

三、肉用仔鸡饲养技术

1. 肉用仔鸡生产的特点

（1）早期生长速度快。肉用雏鸡出壳重40克左右，饲养56天体重可达2 500克以上，为初生重的60多倍。大群抽测罗斯肉鸡的世界纪录是8周龄体重为2 760克。肉用仔鸡幼龄时生长迅速，日龄越小，生长速度越快，而单位活重的饲料料肉比则越小，这一事实表明，肉用仔鸡达到一定上市体重的天数越少就越有利。所以，利用肉仔鸡早期生长速度快这一特点，是人们用于生产经济肉食的最重要的生物学特性。

（2）生产周期短，周转快。肉用仔鸡一般在8周龄左右即可出售，国外提前到6～7周龄出售，第一批鸡出栏后，鸡舍经清扫、清毒2周左右，接着可饲养第二批鸡，这样一年就可饲养5批以上，人力用具和房舍利用率较高，因此，生产周期短、投入的资金周转快，可在短期内受益。

（3）饲料转化率高。肉用仔鸡的饲料转化率高于牛和猪，我国肉用仔鸡的饲料转化率一般为2.2～2.3，饲养水平比较高的地区已达到2～2.2，接近世界先进水平，肉牛的饲料转化率为5～7，猪的转化率一般为3～4。肉用鸡的饲料转化率十几年来得到大幅度改善，耗料少饲料报酬高。所以，肉用仔鸡作为有益于人们健康、价格便宜的食品越来越受到消费者的欢迎。

（4）适于高密度大群饲养。肉用仔鸡性情安静体质强健，大群饲养在一栋鸡舍，很少出现打斗跳跃，除了吃料喝水，活动量大大减少，具有良好的群体适应能力，不仅生长快，而且均匀整齐，适于高密度大群饲养。因此，肉用仔鸡适合大规模机械化饲养，可大大提高劳动效率。

2. 肉用仔鸡的饲养技术

（1）饲养方式。肉用仔鸡的饲养方式主要有3种：

A. 垫料饲养。利用垫料饲养肉用仔鸡是目前国内外普遍采用的一种方式。优点是投资少，简单易行，管理也比较方便，胸囊肿和外伤发病率低，缺点是需要大量垫料，常因垫料质量差，更换不及时，鸡与粪便直接接触诱发呼吸道疾病和球虫病等，垫料以刨屑、稻壳、枯松针为好，其次还可用短的稻草、麦秸、压扁的花生壳、玉米芯等。垫料应清洁、松软、吸湿性强、不发霉、不结块、经常注意翻动，保持疏松、干燥、平整、垫料饲养可分厚垫料和薄垫料饲养。

厚垫料饲养是指进鸡前地面上铺下8厘米的垫料，随着鸡的逐渐长大，垫料越来越脏污，所以应以常翻动垫料或在旧垫料上经常添加一层新垫料，并注意清除饮水器下部的污垫料，这样，待鸡出栏后，将垫料和粪便一次清除。

薄垫料饲养是指进鸡前地面上铺约2厘米厚的

垫料，一直饲养到10日龄左右改变为经常清粪，每次清粪后再撒一层薄垫料，此法由于经常清粪和更换垫料，地面比较干燥，可有效地控制球虫病和呼吸道病的发生，缺点是用工较多。

B. 网上平养。这种方式多以三角铁、钢筋或水泥梁作支架，离地50～60厘米高，上面铺一层铁丝网片，也可用竹排代替铁丝网片，为了减少腿病和胸囊肿病的发生，可在平网上铺一层弹性塑料网，这种饲养方式不用垫料，可提高饲养密度5%～30%，降低劳动强度、减少了球虫病的发生，缺点是一次性投资大，养大型肉鸡（2千克以上）胸囊肿病的发病率高。

C. 笼养。目前欧洲、美国、日本利用全塑料鸡笼，已重视饲养肉鸡笼具的研制工作，从长远的观点看，肉用仔鸡笼养是发展的必然趋势。肉鸡笼养，可提高饲养密度2～3倍，劳动效率高、节省取暖、照明费用，不用垫料，减少了球虫病的发生，缺点是一次性投资大，对电的依赖性大。

（2）营养需要和饲料配方。为了使肉用仔鸡生长的遗传潜力得到充分发挥，应保证供给肉用仔鸡高能量、高蛋白、维生素和微量元素等营养成分丰富而平衡的全价配合饲料，提供符合肉用仔鸡生长规律和生长需要的蛋白能量比值。前期应注意满足肉用仔鸡对蛋白质的需要，如果饲料中蛋白质的含量低，就不能满足早期快速生长的需要，生长发育就会受到阻碍，其结果是单位体重耗料增多；后期要求肉用仔鸡在短期内快速增重，并适当沉积脂肪以改善体质，所以后期对能量要求突出，如果日粮不与之相适应，就会导致蛋白质的过量摄取，从而造成浪费，甚至会出现代谢障碍等不良后果，肉鸡从前期料变为后期料的时间，单就饲料的价格而言，应以尽早才合算，但过早会影响肉鸡的生长发育，反而不利于总的饲养效果。在生产中，要避免不管饲料营养水平是否符合肉用仔鸡的营养需要，单纯以“低价取饲料”的方法，因为不同饲料的差价，反应在饲养效果上也不一样，结果是便宜的饲料反而不如成本稍高的饲料盈利多，“快大型”的肉用仔鸡，饲料中能量水平在12.97～14.23兆焦/千克范围内，增重和饲料效率最好。而蛋白质含量以前期23%，后期21%的水平生长最佳，根据我国当前的实际情况，肉用仔鸡饲料的能量水平以不低于12.13%～12.55%兆焦/千克，蛋白质含量前期不低于21%，后期不低于18%为宜。肉用仔鸡的饲养可分为两段制和三段制，两段制是0～4周龄喂前期饲料，属育雏期，4周龄以后则喂后期饲料，属肥育期，我国肉用仔鸡的饲养标准属两段制，已得到广泛应用。当前肉鸡生产发展，总的趋势是饲养周龄缩短，提早出栏，并推行三段制饲养，三段制是0～3周龄喂前期料，属育雏期；4～5周龄喂肥育前期料，属中期；6周龄到出售喂肥育后期料。三段式更符合肉用仔鸡的生长特点，饲养效果较好。

（3）实行自由采食。从第一日龄开始喂料起一直到出售，对肉用仔鸡应采用充分饲养，实行自由采食，任其能吃多少饲料就投喂多少饲料，而且想方设法让其多吃料。如增加投料次数，炎热季节加强夜间喂料，后期注意“趟群”等。通常是肉仔鸡吃的饲料越多，长的越快，肉鸡多吃料，自始至终采用充分饲养，实行自由采食。

（4）料型。喂养肉用仔鸡比较理想的料型是前期使用破碎料，中、后期使用颗粒料，采用破碎料和颗粒饲料可提高饲料的消化率，增重速度快，减少疾病和饲料的浪费，延长脂溶性维生素的氧化时间。在采用粉料喂肉用仔鸡时，一般都是喂配制的干粉料，采取不断给食的方法，少给勤添保持经常不断料，为了提高饲料的适口性，使鸡易于采食，促进食欲，在育雏的前7～10天可喂湿拌料，然后逐渐过渡到干粉料，这对育雏期的成活率；促进肉用仔鸡的早期生长速度比较有利。应注意防止湿拌料冻结或腐败变质，当饲料从一种料型转到另一种料型时，注意逐渐转变的原则，完成这种过渡有两种方法：一是在原来的饲料中混入新的饲料，混入新饲料的比例逐渐增加，二是将一些新的喂料器盛入新的饲料的喂料器则逐日减少。无论采用哪种过渡法，一般要求至少要有3～5天的过渡时间。

（5）喂料次数和采食位置。一般采用定量分次投料的方法，喂饲次数可按第一周龄每天8次，第二周龄每天7次，第三周龄起一直到出售，每天可喂5～6次。喂养肉用仔鸡应有足够的喂料器，可按第一周龄每100只鸡使用一个平底塑料盘喂湿拌料，一周龄后可用饲槽（每只鸡应有5厘米以上的采食位置）或吊桶喂料器（20～30只鸡一个），逐渐改为喂干粉料，应注意料槽或吊桶的边缘与鸡背等高（一般每周调整一次），以防饲料被污染或造成饲料浪费。

（6）饮水。饲养肉用仔鸡应充分供水，水质良好，保持新鲜、清洁，最初5～7天饮温开水，水温与室温保持一致，以后改为饮凉水，通常每采食1千克饲料需饮水2～3千克，气温越高，饮水量越多。

一般每1 000只鸡需要15个4千克的饮水器或7个圆钟形的饮水器，若使用饮水槽，每只鸡至少应有2.5厘米的直线饮水位置，饮水器边缘的高度应经常调整到与鸡背高度一致，饮水器下面的湿垫料要经常更换。每天早、晚应注意消毒和清洗饮水器，并及时更换上新鲜的水，保持饮水器中经常不断水，而且将饮水器均匀地摆布在喂料器附近，使鸡只很容易找到水喝。

第十五讲
土壤管理与培肥实用技术

土壤管理与培肥工作也是农业良性循环过程中一个十分重要的环节，关系到是否能搞好植物生产环节和可持续生产能力。要从了解高产土壤的特点入手，努力培肥土壤，建设和管理好高产农田。

一、高产土壤的特点

俗话说："万物土中生"，要使作物获得高产，必须有高产土壤作为基础。因为只有在高产土壤中水、肥、气、热、松紧状况等各个肥力因素才有可能调节到适合作物生长发育所要求的最佳状态，使作物生长发育有良好的环境条件，通过栽培管理，才有可能获得高产。高产土壤要具备以下几个特点：

1. 土地平坦，质地良好 高产土壤要求地形平坦，排灌方便，无积水和漏灌的现象，能经得起雨水的侵蚀和冲刷，蓄水性能好，一般中、小雨不会流失，能做到水分调节自由。

2. 良好的土壤结构 高产土壤要求土壤质地以壤质土为好，从结构层次来看，通体壤质或上层壤质下层稍黏为好。

3. 熟土层深厚 高产土壤要求耕作层要深厚，以30厘米以上为宜。土壤中固、液、气三相物质比以1∶1∶0.4为宜。土壤总孔隙度应在55%左右，其中大孔隙应占15%，小孔隙应占40%。土壤容重值在1.1～1.2为宜。

4. 养分含量丰富且均衡 高产土壤要求有丰富的养分含量，并且作物生长发育所需要的大、中量和微量元素含量还要均衡，不能有个别极端缺乏和过分含量现象。在黄淮海平原潮土区一般要求土壤中有机质含量要达到1%以上，全氮含量要大于0.1%，其中水解氮含量要大于80毫克/千克，全磷含量要大于0.15%，其中有效磷含量要大于30毫克/千克，全钾含量要大于1.5%，其中速效钾含量要大于150毫克/千克，另外，其他作物需要的钙、镁、硫中量元素和铁、硼、锰、铜、钼、锌、氯等微量元素也不能缺乏。

5. 适中的土壤酸碱度 高产土壤还要求酸碱度适中，一般pH在7.5左右为宜。石灰性土壤还要求石灰反应正常，钙离子丰富，从而有利于土壤团粒结构的形成。

6. 无农药和重金属污染 按照国家对无公害农产品土壤环境条件的要求，农药残留和重金属离子含量要低于国家规定标准。

需要指出的是：以上对高产土壤提出的养分含量指标，只是一个应该努力奋斗的目标，它不是对任何作物都十分适宜的，具体各种作物对各种养分的需求量在不同地区和不同土壤中以及不同产量水平条件下是不尽相同的，故各种作物对高产土壤中各种养分含量的要求也不一致。一般小麦吸收氮、磷、钾养分的比例为3∶1.3∶2.5，玉米则为2.6∶0.9∶2.2，棉花是5∶1.8∶4.8，花生是7∶1.3∶3.9，甘薯是0.5∶0.3∶0.8，芝麻是10∶2.5∶11。在生产中，应综合应用最新科研成果，根据作物需肥、土壤供肥能力和近年的化肥肥效，在施用有机肥料的基础上，产前提出各种营养元素肥料适宜用量和比例以及相应的施肥技术，积极开展测土配方施肥工作，合理而有目的地去指导调节土壤中养分含量，将对各种作物产量的提高和优质起到重要的作用。

二、用养结合，努力培育高产稳产土壤

我国有数千年的耕作栽培历史，有丰富的用土改土和培肥土壤的宝贵经验。各地因地制宜在生产中根据高产土壤特点，不断改造土壤和培肥土壤，才能使农业生产水平得到不断提高。

1. 搞好农田水利建设是培育高产稳产土壤的基础 土壤水分是土壤中极其活跃的因素，除它本身有不可缺少的作用外，还在很大程度上影响着其他肥力因素，因此搞好农田水利建设，使之排灌方便，能根据作物需要人为地调节土壤水分因素是夺

取高产的基础。同时，还要努力搞好节约用水工作，在高产农田要提倡推广滴灌和渗灌技术，以提高灌溉效益。

2. 实行深耕细作，广开肥源，努力增施有机肥料，科学使用化肥，培肥土壤 深耕细作可以疏松土壤，加厚耕层，熟化土壤，改善土壤的水、气、热状况和营养条件，提高土壤肥力。瘠薄土壤大部分土壤容重值大于1.3，比高产土壤要求的容重值大，所以需要逐步加深耕层，疏松土壤。要迅速克服目前存在的小型耕作机械作业带来的耕层变浅局面，按照高产土壤要求改善耕作条件，不断加深耕层。

当前，在施肥实践中还存在以下主要问题：一是有机肥用量偏少。20世纪70年代以来，随着化肥工业的高速发展，化肥高浓缩的养分、低廉的价格、快速的效果得到广大农民的青睐，化肥用量逐年增加，有机肥的施用则逐渐减少，进入80年代，实行土地承包责任制后，随着农村劳动力的大量外出转移，农户在施肥方面重化肥施用，忽视有机肥的投入，人畜粪尿及秸秆沤制大量减少，有机肥和无机肥施用比例严重失调。二是氮磷钾三要素施用比例失调。一些农民对作物需肥规律和施肥技术认识和理解不足，存在氮磷钾施用比例不当的问题，如部分中低产田玉米单一施用氮肥（尿素）、不施磷钾肥的现象仍占一定比例；还有部分高产地块农户使用氮磷钾比例为15-15-15的复合肥，不再补充氮肥，造成氮肥不足、磷钾肥浪费的现象，影响作物产量的提高。三是化肥施用方法不当。如氮肥表施问题、磷肥撒施问题等。四是秸秆还田技术体系有待于进一步完善。秸秆还田作为技术体系包括施用量、墒情、耕作深度、破碎程度和配施氮肥等关键技术环节，当前农业生产应用过程中存在施用量大、耕地浅和配施氮肥不足等问题，影响其施用效果，需要在农业生产施肥实践中完善和克服。五是施用肥料没有从耕作制度的有机整体系统考虑。现有的施肥模式是建立满足单季作物对养分的需求上，没有充分考虑耕作制度整体养分循环对施肥的要求，上下季作物肥料分配不够合理，肥料资源没有得到充分利用。

增施有机肥料，提高土壤中有机质的含量，不仅可以增加作物养分，而且还能改善土壤耕性，提高土壤的保水保肥能力，对土壤团粒结构的形成，协调水、气、热因素，促进作物健壮生长有着极其重要的作用。目前大多数土壤有机肥的施用量不足，质量也不高，在一些坡地或距村庄远的地块还有不施有机肥的现象。因此需要广开肥源，在搞好常规有机肥积造的同时，还要大力发展养殖业和沼气生产，以生产更多的优质有机肥，在增加施用量的同时还要提高有机肥质量。

3. 合理轮作，用养结合，调节土壤养分 由于各种作物吸收不同养分的比例不同，根据各作物的特点合理轮作，能相应的调节土壤中的养分含量，培肥土壤。生产中应综合考虑当地农业资源，研究多套高效种植制度，根据市场行情，及时进行调整种植模式。同时在比较效益不低的情况下应适当增加豆科作物的种植面积，充分发挥作物本身的养地作用。

4. 出现土壤的障碍因素及时改良 当前，在农业生产中，由于化肥的过量施用与单一化的种植结构等，使得我国土壤酸化、盐渍化与生物学障碍问题日渐凸显，并开始被人们所关注。这些土壤障碍的一个共同特点，就是由于土壤理化特性与生物学特性的改变，从而抑制了作物根系的生长，影响根系对土壤养分的吸收，降低其养分利用效率。必须采取合理、高效技术对这些障碍土壤进行改良，才能使农业生态化可持续发展。

（1）土壤酸化。土壤酸化是指土壤中氢离子增加或土壤酸度由低变高的过程。土壤酸化既是一种自然现象，也受人为因素影响。土壤酸化与酸性土壤是两个完全不同的概念，酸性土壤反映的一种土壤酸碱状态，是指 pH 小于 7 的土壤。而土壤酸化的原因一般有两类，一类是成土母质风化产生的盐基成分淋失和土壤微生物代谢产生有机酸导致天然酸化；另一类是当前生产过程中氮肥过量施用与大水漫灌等生产活动因素加剧了土壤酸化。由于过量施用铵态氮肥到土壤中，转化作物能吸收的硝态氮肥过程中产生氢离子，而伴随着硝态氮淋洗，氢离子与土壤胶体的吸附能力高于钙镁离子，故钙镁等盐基离子将会伴随着硝酸根离子淋洗，使氢离子在土壤表层积累加剧酸化。另外，作物残茬还田少或缺乏有机肥施用等都会加剧酸化过程。

改良措施：①利用化学改良剂。如石灰、酸性土壤调理剂、碱性肥料、有机肥等。一般在施用有机肥的基础上，选择硅钙钾镁肥或以石灰、磷酸铵镁、磷尾矿等碱性原料为主的酸性土壤调理剂，每亩施用量为50～100千克，具体用量需据区域酸化程度而定。②采用生物改良法。如种植鼠茅草等绿肥，实行果园覆草等。③适宜的农业管理措施。如合理选择氮肥、作物秸秆还田、合理水肥以及作物间套作等。

（2）土壤盐渍化。土壤盐渍化是指土壤底层或地下水的盐分随毛管水上升到地表，水分蒸发后，使盐分积累在表层土壤中的现象或过程。我国干旱、半干旱和半湿润地区的土壤易出现盐渍化。土壤盐渍化除受气候干旱、地下水埋深浅、地形低洼以及海水倒灌等自然因素影响外，还与灌溉水质、灌溉制度以及重施化肥轻施有机肥等人为因素密切相关。

改良措施：①采用适时合理地灌溉、洗盐或以水压盐。②多施有机肥，种植绿肥作物。③化学改良，施用土壤改良剂，提高土壤的团粒结构和保水性能。④中耕（切断地表的毛细管），地表覆盖，减少地面过度蒸发，防止盐碱上升。

根据腐殖酸与钙离子结合后，形成钙胶体和有机-无机复合体，改变土壤团粒结构，提高土壤通透性，可以选择腐殖酸类肥料进行盐碱土改良。具体施用量应结合盐碱化程度与作物而定，一般可亩用50～100千克腐殖酸类肥料。

（3）土壤生物学障碍。土壤生物学障碍是指在同一地块上连续种植同一种作物，导致土壤养分供应失衡、植物源有害物质的积累和土壤有害生物累积、土壤酸化和盐渍化伴生的现象，土壤生物学障碍使作物植株出现生长和发育受阻，病、虫、草害严重发生，从而导致作物减产和品质降低等问题出现。此外，作物自身产生的化感物质，也会影响作物生长，增加土传病害的危害，并对维持生态平衡和系统的稳定性具有重要影响。由于我国土地资源相对短缺、种植习惯与经验、保护地倒茬困难、过量水肥投入、环境条件和经济利益驱动等原因，近年来在同一地块上连续种植同一种作物的现象比较普遍，所以目前存在生物学障碍的土壤也比较普遍，尤其在集约化生产的设施蔬菜中较为严重，几乎所有的设施菜田都存在生物学障碍问题。

改良措施：①合理轮作，种植填闲作物。②合理施肥，采用肥水一体化技术。③应用石灰氮-秸秆消毒技术。④选用抗性品种或采用嫁接技术。⑤使用生物有机型土壤调理剂产品。⑥选用生物型有机水溶肥或防线虫液体肥进行灌根。

三、有机肥料的作用与合理施用技术

我国有机肥资源很丰富，但利用率却很低，目前有机肥资源实际利用率不足40%。其中，畜禽粪便养分还田率为50%左右，秸秆养分直接还田率为35%左右。增施有机肥料是替代化肥的一个重要途径，也是解决农业生产自身污染促进农业良性循环的“双面”有效办法。

1. 有机肥概述 有机肥肥料是指有大量有机物质的肥料。这类肥料在农村可就地取材，就地积制，对循环农业的发展起着重要的作用。有机肥料种类多、来源广、数量大、成本低、肥效长，有以下几个特点：

（1）养分全面。有机肥不但含有作物生育所必需的大量、中量和微量营养元素，而且还含有丰富的有机质，其中包括胡敏酸、维生素、生长素和抗生素等物质。

（2）肥效缓。有机肥料中的植物营养元素多呈有机态，必须经过微生物的转化才能被作物吸收利用，因此，肥效缓慢。

（3）对培肥地力有重要作用。有机肥不仅能够供应作物生长发育需要的各种养分，而且还含有有机质和腐殖质，能改善土壤耕性。协调水、气、热、肥力因素，提高土壤的保水保肥能力。

(4) 有机肥含有大量的微生物，以及各种微生物的分泌物——酶、激素、维生素等生物活性物质。

(5) 现在的有机肥料一般养分含量较低，施用量大，费工费力。因此，需要提高质量。

2. 有机肥料的作用 增施有机肥料是提高土壤养分供应能力的重要措施。有机肥中含氮、磷、钾大量营养元素以及植物所需的各种营养元素，施入土壤后，一方面经过分解逐步释放出来，成为无机状态，可使植物直接摄取，提供给作物全面的营养，减少微量元素缺乏症；另一方面经过合成，部分形成腐殖质，促使土壤中生成各级粒径的团聚体，可贮藏大量有效水分和养分，使土壤内部通气良好，增强土壤的保水、保肥和缓冲性能，供肥时间稳定且长效，能使作物前期发棵稳长，使营养生长与生殖生长协调进行，生长后期仍能供应营养物质，延长植株根系和叶片的功能时间，使生长期长的间套作物丰产丰收。

3. 有机肥料的施用 有机肥料种类较多、性质各异，在使用时应注意各种有机肥的成分、性质，做到合理施用。

(1) 动物质有机肥的施用。动物肥料有人粪尿、家畜粪尿、家禽粪、厩肥等。人粪尿含氮较多，而磷、钾较少，所以常做氮肥施用。家畜粪尿中磷、钾的含较高，而且一半以上为速效性，可做速效磷、钾肥料。马粪和牛粪由于分解慢，一般做厩肥或堆肥基料施用较好，腐熟后作基肥使用。人粪和猪粪腐熟较快，可做基肥，也可作追肥加水浇施。厩肥是家畜粪尿和各种垫圈材料混合积制的肥料，新鲜厩肥中的养料主要为有机态，作物大多不能直接利用，待腐熟后才能施用。

有机肥料腐熟的目的是为了释放养分，提高肥效，避免肥料在土壤中腐熟时产生某些对作物不利的影响。如与幼苗争夺水分、养分或因局部地方产生高温、氮浓度过高而引起的烧苗现象等，有机肥料的腐熟过程是通过微生物的活动，使有机肥料发生两方面的变化，从而符合农业生产的需要。在这个过程中，一方面是有机质的分解，增加肥料中的有效养分；另一方面是有机肥料中的有机物由硬变软，质地由不均匀变得比较均匀，并在腐熟过程中，使杂草种子和病菌虫卵大部分被消灭。

（2）植物质有机肥的施用。植物质肥料中有饼肥、秸秆等。饼肥为肥分较高的优质肥料，富含有机质、氮素，并含有相当数量的磷、钾及各种微量元素，饼肥中氮磷多呈有机态，为迟效性有机肥。作物秸秆也富含有机质和各种作物营养元素，是目前生产上有机肥的主要原料来源，多采用厩肥或高温堆肥的方式进行发酵，腐熟后作为基肥施用。

随着生产力的提高，特别是灌溉条件的改善，在一些地方也应用了作物秸秆直接还田技术。在应用秸秆还田时需注意保持土壤墒足和增施氮素化肥，由于秸秆还田的碳氮比较大，一般为 60～

100：1，作物秸秆分解的初期，首先需要吸收大量的水分软化和吸收氮素来调整碳氮比，一般分解适宜的碳氮比为25：1，所以应保持足墒和增施氮素化肥，否则会引起干旱和缺氮。试验证明，小麦、玉米、油菜等秸秆直接还田，在不配施氮、磷肥的条件下，不但不增产，相反还有较大程度的减产。另外，在一些高产地区和高产地块目前秋季玉米秸秆产量较大，全部还田后加上耕层浅，掩埋不好，上层变暄，容易造成小麦苗根系悬空和缺乏氮肥而发育不良甚至死亡。

在一些秋作物上，如玉米、棉花、大豆等适当采用麦糠、麦秸覆盖农田新技术，利用夏季高温多雨等有利气象因素，能蓄水保墒抑制杂草生长，增加土壤有机质含量，提高土壤肥力和肥料利用力，能改变土壤、水、肥、气、热条件，能促进作物生长发育增产增收。该技术节水、节能、省劳力，经济效益显著，是发展高效农业，促进农业生产持续稳定发展的有效措施。采用麦糠、麦秸覆盖，其一，可以减少土壤水分蒸发、保蓄土壤水分。据试验，玉米生长期覆盖可多保水154毫米，较不覆盖节水29%。其二，提高土壤肥力，覆盖一年后氮、磷、钾等营养元素含量均有不同程度的提高。其三，能改善土壤理化性状。覆盖保墒改变了土壤的环境条件，使土壤湿度增加，耕层土壤通透性变好，田块不裂缝，不板结，增加了土壤团粒结构，土壤容量下降0.03%～0.06%。其四，能抑制田间杂草生长。据调查，玉米覆盖的地块比不覆盖地块杂草减少 13.6%～71.4%。由于杂草减少，土壤养分消耗也相对减少，同时提高了肥料的利用率。其五，夏季覆盖能降低土壤温度，有利于农作物的生长发育。覆盖较不覆盖的农作物株高、籽粒、千粒重、秸草量均有不同程度的提高，一般玉米可增产 10%～20%。麦秸、麦糠覆盖是一项简单易行的土壤保墒增肥措施，覆盖技术应掌握适时适量，麦秸应破碎不宜过长。一般夏玉米覆盖应在玉米长出6～7 片叶时，每亩秸料 300～400 千克，夏棉花覆盖于 7 月初，棉花株高 30 厘米左右时进行，在株间均匀撒麦秸每亩 300 千克左右。

施用有机肥不但能提高农产品的产量，而且还能提高农产品的品质，净化环境，促进农业生产的生态良性循环。另一方面还能降低农业生产成本，提高经济效益。所以搞好有机肥的积制和施用工作，对增强农业生产后劲，保证生态农业健康稳定发展，具有十分重要的意义。

（3）当前推进有机肥利用的几种办法。①推广机械施肥技术，为秸秆还田、有机肥积造等提供有利条件，解决农村劳动力短缺的问题。②推进农牧结合，通过在肥源集中区、规模化畜禽养殖场周边、畜禽养殖集中区建设有机肥生产车间或生产厂等，实现有机肥资源化利用。③争取扶持政策，以补助的形式鼓励新型经营主体和规模经营主体增加有机肥施用，引导农民积造农家肥、应用有机肥。

④创新服务机制，发展各种社会化服务组织，推进农企对接，提高有机肥资源的服务化水平。⑤加强宣传引导，加大对新型经营主体和规模经营主体科学施肥的培训力度，营造有机肥应用的良好氛围。

四、合理施用化学肥料

在增施有机肥的基础上，合理施用化学肥料，是调节作物营养、提高土壤肥力、获得农业持续高产的一项重要措施。但是盲目地施用化肥，不仅会造成浪费，还会降低作物的产量和品质。特别是在目前情况下，应大力提倡经济有效地施用化肥，使其充分有效发挥化肥效应，提高化肥的利用率，降低生产成本，获得最佳产量，并防止造成污染。

1. 化学肥料的概念和特点 一般认为凡是用化学方法制造的或者采矿石经过加工制成的肥料统称为化学肥料。从化肥的施用方面来看，化学肥料具有以下几个方面的特点：

（1）养分含量高，成分单纯。与有机肥相比，化肥养分含量高，成分单一，并且便于运输、贮存和施用。

（2）肥效快，肥效短。化学肥料一般易溶于水，施入土壤后能很快被作物吸收利用，肥效快；但也能挥发和随水流失，肥效不持久。

（3）有酸碱反应。化学肥料有两种不同的酸碱反应，即化学酸碱反应和生理酸碱反应。

化学酸碱反应指肥料溶于水中以后的酸碱反

应。如过磷酸钙是酸性，碳酸氢铵为碱性，尿素为中性。

生理酸碱反应指经作物吸收后产生的酸碱反应。生理碱性肥料是作物吸收肥料中的阴离子多于阳离子，剩余的阳离子与胶体代换下来的碳酸氢根离子形成重碳酸盐，水解后产生氢氧根离子，增加了土壤溶液的碱性，如硝酸钠肥料。生理酸性肥料是作物吸收肥料中的阳离子多于阴离子，使从胶体代换下来的氢离子增多，增加了土壤溶液的酸性，如硫酸铵肥料。

（4）不含有机物质，单纯大量使用会破坏土壤结构。化学肥料一般不含有机物质，它不能改良土壤，在施用量大的情况下，长期单纯施用某一种化肥会破坏土壤结构，造成土壤板结。

基于化学肥料的以上特点，在施用时要十分注意平衡、经济地施用，使化肥在农业生产中发挥更大的作用。并且要防止土壤板结、土壤肥力下降。

2. 化肥的合理施用原则 合理施用化肥，一般应遵循以下几个原则。

（1）根据化肥性质，结合土壤、作物条件合理选用肥料品种。在目前化肥不充足的情况下，应优先在增产效益高的作物上施用，使之充分发挥肥效。一般在雨水较多的夏季不要施用硝态氮肥，因为硝态氮易随水流失。在盐碱地不要大量施用氯化铵，因为氯离子会加重盐碱危害。薯类含碳水化合物较多，最好施用铵态氮肥，如碳酸氢铵、硫酸铵等。小麦分蘖期喜欢硝态氮肥，后期则喜欢铵态氮肥，应根据不同时期施用相应的化肥品种。

（2）根据作物需肥规律和目标产量，结合土壤肥力和肥料中养分含量以及化肥利用率确定适宜的施肥时期和施肥量。不同作物对各种养分的需求量不同。据试验，一般亩产100千克的小麦需从土壤中吸收3千克纯氮、1.3千克五氧化二磷、2.5千克氧化钾；亩产100千克的玉米需从土壤中吸收2.5千克纯氮、0.9千克五氧化二磷、2.2千克氧化钾；亩产100千克的花生（果仁）需从土壤中吸收7千克纯氮、1.3千克五氧化二磷、3.9千克氧化钾；亩产100千克的棉花（棉籽）需从土壤中吸收纯氮5千克、五氧化二磷1.8千克、氧化钾4.8千克。根据作物目标产量，用化学分析的方法或田间试验的方法，首先诊断出土壤中各种养分的供应能力，再根据肥料中有效成分的含量和化肥利用率，用平衡施肥的方法计算出肥料的施用量。

作物不同的生育阶段，对养分的需求量也不同，还应根据作物的需肥规律和土壤的保肥性来确定适宜的施肥时期和每次数量。在通常情况下，有机肥、磷肥、钾肥和部分氮肥作为基肥一次施用。一般作物苗期需肥量少，在底肥充足的情况下可不追施肥料；如果底肥不足或间套种植的后茬作物未施底肥时，苗期可酌情追施肥料，应早施少施，追施量不应超过总施肥量的10%，作物生长中期，即营养生长和生殖生长并进期，如小麦起身期、玉米拔节期、棉花花铃期、大豆和花生初花期、白菜包心期，生长旺盛，需肥量增加，应重施追肥；作物生长后期，根系衰老，需肥能力降低，一般追施肥料效果较差，可适当进行叶面喷肥，加以补充，特别是双子叶作物叶面吸肥能力较强，后期喷施肥料效果更好。作物的一次追肥数量，要根据土壤的保肥能力确定。一般沙土地保肥能力差，应采用少施勤施的原则，一次亩追施标准氮肥（硫酸铵）不宜超过 15 千克；两合土保肥能力中等，每次亩追施标准氮肥不宜超过 30 千克；黏土地保肥能力强，每次亩追施标准氮肥不宜超过 40 千克。

（3）根据土壤、气候和生产条件，采用合理的施肥方法。肥料施入土壤后，大部分会被植物吸收利用或被胶体吸附保存起来，但是还有一部分会随水渗透流失或形成气体挥发，所以要采用合理的施肥方法。因此，一般要求基肥应深施，结合耕地边耕边施肥，把肥料翻入土中；种肥应底施，把肥料条施于种子下面或种子一旁下侧，与种子隔离；追肥应条施或穴施，不要撒施。应施在作物一侧或两侧的土层中，然后覆土。

硝态氮肥一般不被胶体吸附，容易流失，提倡灌水或大雨后穴施在土壤中。

铵态和酰铵态氮肥，在沙土地的雨季也提倡大雨后穴施，施后随即盖土，一般不应在雨前或灌水前撒施。

五、应用叶面肥喷肥技术

叶面喷肥是实现作物高效种植的重要措施之一，一方面作物高效种植，生产水平较高，作物对养分需要量较多；另一方面，作物生长初期与后期根部吸收能力较弱，单一由根系吸收养分已不能完全满足生产的需要。叶面喷肥作为强化作物营养和防治某些缺素症的一种施肥措施，能及时补充营养，可较大幅度地提高作物产量，改善农产品品质，是一项肥料利用率高、用量少而经济有效的施肥技术措施。实践证明，叶面喷肥技术在农业生产中有较大增产潜力。

1. 叶面喷肥的特点及增产效应

（1）养分吸收快。叶面肥由于喷施于作物叶表，各种营养物质可直接从叶片进入体内，直接参与作物的新陈代谢和有机物的合成，吸收养分快。据测定，玉米 4 叶期叶面喷用硫酸锌，3.5 小时后上部叶片吸收已达 11.9%，48 小时后已达 53.1%。如果通过土壤施肥，施入土壤中首先被土壤吸附，然后再被根系吸收，通过根、茎输送才能到达叶片，这种养分转化输送过程最快也必须经过 80 小时以上。因此，无论是速度还是效果，叶面喷肥都比土壤施肥的作用来得及时、显著。在土壤中，一些营养元素供应不足，成为作物产量的限制因素时，或需要量较小，土壤施用难以做到均匀有效时，利用叶面喷施反应迅速的特点，在作物各个生长时期及不同阶段喷施叶面肥，以协调作物对各种营养元素的需要与土壤供肥之间的矛盾，促进作物营养均衡、充足，保持健壮生长发育，才能使作物高产优质。

（2）光合作用增强，酶的活性提高。在形成作物产量的若干物质中，90%～95%来自于光合作用的产物。但光合作用的强弱，在同样条件下与植株内的营养水平有关。作物叶面喷肥后，体内营养均衡、充足，促进了作物体内各种生理进程的进展，显著地提高了光合作用的强度。据测定，大豆叶面喷施后平均光合强度达到 22.69 毫克/（分米^2·小时），比对照提高了 19.5%。

作物进行正常代谢的必不可少的条件是酶的参与，这是作物生命活动最重要的因素，其中，也有营养条件的影响，因为许多作物所需的常量元素和微量元素是酶的组成部分或活性部分。如铜是抗坏血酸氧化酶的活性部分，精氨酸酶中含有锰，过氧化氢酶和细胞色素中含有铁、氨、磷和硫等营养元素。叶面喷施能极明显地促进酶的活性，有利于作物体内各种有机物的合成、分解和转变。据试验，花生在荚果期喷施叶面肥，固氮酶活性可提高 5.4%～24.7%，叶面喷肥后能促进根、茎、叶各部位酶的活性提高 15%～31%。

（3）肥料用料省，经济效益高。叶面喷肥用量少，既可高效能利用肥料，也可解决土壤施肥常造成一部分肥料被固定而降低使用效率的问题。叶面喷肥效果大于土壤施肥。如叶面喷硼肥的利用率是施基肥的 8.18 倍；洋葱生长期间，每亩用 0.25 千克硫酸锰加水喷施与土壤撒施 7 千克的硫酸锰效果相同。

2. 主要作物叶面喷肥技术 叶面喷肥一般是以肥料水溶液形式均匀地喷洒在作物叶面上。实践证明，肥料水溶液在叶片上停留的时间越长，越有利于提高利用率。因此，在中午烈日下和刮风天喷施效果较差，以无风阴天和晴天 9 时前或 16 时后进行为宜。由于不同作物对某种营养元素的需要量不同，不同土壤中多种营养元素含量也有差异，所以不同作物在不同地区叶面施用肥料效果差别很大。现把一些肥料在主要农作物上叶面喷施的试验结果分述如下：

（1）小麦。尿素：亩用量 0.5～1.0 千克，对水 40～50 千克，在拔节至孕穗期喷洒，可增产 8%～15%。

磷酸二氢钾：亩用量 150～200g，对水 40～50 千克，在抽穗期喷洒，可增产 7%～13%。

以硫酸锌和硫酸锰为主的多元复合微肥亩用量 200 克，对水 40～50 千克，在拔节至孕穗期喷洒，可增产 10%以上。

综合应用技术，在拔节肥喷微肥，灌浆期喷硫酸二氢钾，缺氧发黄田块增加尿素，对预防常见的干热风危害作物较好。蚜虫发病较重的田块，结合防蚜虫进行喷施。可起到一喷三防的作用，一般增加穗粒数1.2～2个，提高千粒重1～2克，亩增产30千克左右，增产20%以上。

（2）玉米。近年来玉米植株缺锌症状明显，应注意增施硫酸锌，亩用量100克，加水40～50千克，在出苗后15～20天喷施，隔7～10天再喷1次，可增长穗长0.2～0.8厘米；秃顶长度减少0.2～0.4厘米，千粒重增加12～13克，增产15%以上。

（3）棉花。棉花生育期长，对养分的需要量较大，而且后期根系功能明显减退，但叶面较大且吸肥功能较强，叶面喷肥有显著的增产作用。

喷氮肥防早衰：在8月下旬至9月上旬，用1%尿素溶液喷洒，每亩40～50千克，隔7天喷1次，连喷2～3次，可促进光合作用，防早衰。

喷磷促早熟：从8月下旬开始，用过磷酸钙1千克加水50千克，溶解后取其过滤液，每亩用50千克，隔7天1次，连喷2～3次，可促进种子饱满，增加铃重，提早吐絮。

喷硼攻大桃：一般从铃期开始用0.1%硼酸水溶液喷施，每亩用50千克，隔7天喷1次，连喷2～3次，有利于多坐桃，结大桃。

综合性叶面棉肥：每亩每次用量250克，加水40千克，在盛花期后喷施2～3次，一般增产15.2%～31.5%。

（4）大豆。大豆对钼反应敏感，在苗期和盛花期喷施浓度为0.05%～0.1%的钼酸铵溶液每亩每次50千克，可增产13%左右。

（5）花生。花生对锰、铁等微量元素敏感，"花生王"是以该两种元素为主的综合性施肥，从初花期到盛花期，每亩每次用量200克，加水40千克喷洒2次，可使根系发达，有效侧枝增多，结果多，饱果率高。一般增产20%～35%。

（6）叶菜类蔬菜（如大白菜、芹菜、菠菜等）。叶菜类蔬菜产量较高，在各个生长阶段需氮较多，叶面肥以尿素为主，一般喷施浓度为2%，每亩每次用量50千克，在中后期喷施2～4次。另外，中期喷施0.1%浓度的硼砂溶液1次，可防止芹菜茎裂病、菠菜矮小病、大白菜烂叶病。一般增产15%～30%。

（7）瓜果类蔬菜（如黄瓜、番茄、茄子、辣椒等）。此类蔬菜一生对氮磷钾肥的需要比较均衡，叶面喷肥以磷酸二氢钾为主，喷施浓度以0.5%为宜，每亩每次用量50千克。在中后期喷施3～5次，可增产8.6%。

（8）根茎类蔬菜（如大蒜、洋葱、萝卜、马铃薯等）。此类蔬菜一生中需磷钾较多，叶面喷肥应以磷钾为主，喷施硫酸钾浓度为0.2%或3%过磷酸钙加草木灰浸出液，每亩每次用量50千克液，在中后期喷施3～4次。另外，萝卜在苗期和根膨大期各喷1次0.1%的硼酸溶液。每亩每次用量40千克，可防治褐心病。一般可增产17%～26%。

随着高效种植和产量效益的提高，一种作物同时缺少几种养分的现象将普遍发生，今后的发展方向将是多种肥料混合喷施，可先预备一种肥料溶液，然后按用量加入其他肥料，而不能先配置好几种肥液再混合喷施。在加入多种肥料时应考虑各种肥料的化学性质，在一般情况下起反应或拮抗作用的肥料应注意分别喷施。如磷、锌有拮抗作用，不宜混施。

叶面喷施在农业生产中虽有独到之功，增产潜力很大，但叶面喷肥不能完全替代作物根部土壤施肥。因为根部比叶面有更大更完善的吸收系统。必须在土壤施肥的基础上，配合叶面喷肥，才能充分发挥叶面喷肥的增效、增产、提质作用。

第十六讲 沼气生产与管理实用技术

随着农村经济的发展和农民生活水平的提高以及沼气生产技术的逐步完善，农民发展沼气的积极性也空前高涨。目前，沼气建设也已从单一的能源效益型，发展到以沼气为纽带，集种植业、养殖业以及农副产品加工业为一体的生态农业模式，在更大范围内为农业生产和农业生态环境展示了沼气的魅力。随着近年来粮食生产持续丰收，畜牧养殖业也得到了长足发展，为发展沼气生产奠定了物质基础。

发展沼气，把过去被烧掉的大量农作物秸秆和畜禽粪便加入沼气池密闭发酵，既能产气，又沤制成了优质的有机肥料，扩大了有机肥料的来源。同时，人畜粪便、秸秆等经过沼气池密闭发酵，提高了肥效，消灭寄生虫卵等危害人们健康的病原菌。沼气做得好，有机肥料能成倍增加，带动粮食、蔬菜、瓜果连年增产，同时产品的质量也大大提高，生产成本下降。同时，有利于解决“三料”（燃料、饲料和肥料）的矛盾，促进畜牧业的发展。也有利于保护生态环境，加快实现农业生态化。据统计，全球每年因人为活动导致甲烷气体向大气中排放量多达3.3亿吨。发展沼气，把部分人、畜、禽和秸秆所产沼气收集起来并有益地利用，能减少向大气中的排放量，有效地减轻大气“温室效应”，保护生态环境。

一、沼气的生产原理与生产方法

（一）沼气发酵的原理与产生过程

沼气是有机物在厌氧条件下（隔绝空气），经过多种微生物（统称沼气细菌）的分解而产生的。沼气细菌分解有机物产出沼气的过程，叫做沼气发酵。沼气发酵是一个极其复杂的生理化过程。沼气微生物种类繁多，目前已知的参与沼气发酵的微生物有20多个属、100多种，包括细菌、真菌、原生动物等。生产上一般把沼气细菌分为两大类：一类细菌叫做分解菌，它的作用的将复杂的有机物，如碳水化合物、纤维素、蛋白质、脂肪等，分解成简单的有机物（如乙酸、丙酸、丁酸、脂类、醇类）和二氧化碳等；另一类细菌叫做甲烷菌，它的作用是把简单的有机物及二氧化碳氧化或还原成甲烷。沼气的产生需要经过液化、产酸、产甲烷三个阶段。

1. 液化阶段 在沼气发酵中首先是发酵性细菌群利用它所分泌的胞外酶，如纤维酶、淀粉酶、蛋白酶和脂肪酶等，对复杂的有机物进行体外酶解，也就是把畜禽粪便、作物秸秆、农副产品废液等大分子有机物分解成溶于水的单糖、氨基酸、甘油和脂肪酸等小分子化合物。这些液化产物可以进入微生物细胞，并参加微生物细胞内的生物化学反应。

2. 产酸阶段 上述液化产物进入微生物细胞后，在胞内酶的作用下，进一步转化成小分子化合物（如低级脂肪酸、醇等），其中主要是挥发酸，包括乙酸、丙酸和丁酸，乙酸最多，约占80%。

液化阶段和产酸阶段是一个连续过程，统称不产甲烷阶段。在这个过程中，不产甲烷的细菌种类繁多，数量巨大，它们的主要作用是为产甲烷提供营养和产甲烷菌创造适宜的厌氧条件，消除部分毒物。

3. 产甲烷阶段 在此阶段中，将第二阶段的产物进一步转化为甲烷和二氧化碳。在这个阶段中，产氨细菌大量活动而使氨态氮浓度增加，氧化还原势降低，为甲烷菌提供了适宜的环境，甲烷菌的数量大大增加，开始大量产生甲烷。

不产甲烷菌类群与产甲烷菌类群相互依赖、互相作用，不产甲烷菌为产甲烷菌提供了物质基础和排除毒素，产甲烷菌为不产甲烷菌消化了酸性物质，有利于更多地产生酸性物质，二者相互平衡，如果产甲烷量太小，则沼气内酸性物质积累造成发酵液酸化和中毒，如果不产甲烷菌量少，则不能为甲烷菌提供足够养料，也不可能产生足量的沼气。人工制取沼气的关键是创造一个适合于沼气微生物进行正常生命活动（包括生长、发育、繁殖、代谢等）所需要的基本条件。

从沼气发酵的全过程看，液化阶段所进行的水解反应大多需要消耗能量，而不能为微生物提供能量，所以进行比较慢，要想加快沼气发酵的进展，首先要设法加快液化阶段。原料进行预处理和增加可溶性有机物含量较多的人粪、猪粪以及嫩绿的水生植物都会加快液化的速度，促进整个发酵的进展。产酸阶段能否控制得住（特别是沼气发酵启动过程）是决定沼气微生物群体能否形成，有机物转化为沼气的进程能否保持平衡，沼气发酵能否顺利进行的关键。沼气池第一次投料时适当控制秸秆用量，保证一定数量的人畜粪便入池，以及人工调节料液的酸碱度，是控制产酸阶段的有效手段。产甲烷阶段是决定沼气产量和质量的主要环节，首先要为甲烷菌创造适宜的生活环境，促进甲烷菌旺盛成长。防止毒害，增加接种物的用量，是促进产甲烷阶段的良好措施。

（二）沼气发酵的工艺类型

沼气发酵的工艺有以下几种分类方式：

1. 以发酵原料的类型分 根据农村常见的发酵原料主要分为全秸秆沼气发酵、全秸秆与人畜粪便混合沼气发酵和完全用人畜粪便沼气发酵原料3种。不同的发酵工艺，投料时原料的搭配比例和补料量不同。

（1）采用全秸秆进行沼气发酵，在投料时可一次性将原料备齐，并采用浓度较高的发酵方法。

（2）采用秸秆与人畜粪便混合发酵，则秸秆与人畜粪便的比例按重量比宜为 1∶1，在发酵进行过程中，多采用人畜粪便的补料方式。

（3）完全采用人畜粪便进行沼气发酵时，在南方农村最初投料的发酵浓度指原料的干物质重量占发酵料液重量的百分比，用公式表示为：浓度＝（干物质重量/发酵液重量）×100％，控制在 6％左右，在北方可以达到 8％，在运行过程中采用间断补料或连续补料的方式进行沼气发酵。

2. 以投料方式分

（1）连续发酵。投料启动后，经过一段时间正常发酵产气后，每天或随时连续定量添加新料，排除旧料，使正常发酵能长期连续进行。这种工艺适于处理来源稳定的城市污水、工业废水和大、中型畜牧厂的粪便。

（2）半连续发酵。启动时一次性投入较多的发酵原料，当产气量趋向下降时，开始定期添加新料和排除旧料，以维持较稳定的产气率。目前的农村家用沼气池大都采用这种发酵工艺。

（3）批量发酵。一次投料发酵，运转期中不添加新料，当发酵周期结束后，取出旧料，再投入新料发酵，这种发酵工艺的产气不均衡。产气初期产量上升很快，维持一段时间的产气高峰，即逐渐下降，我国农村有的地方也采用这种发酵工艺。

3. 以发酵温度分

（1）高温发酵。发酵温度在 50～60℃，特点是微生物特别活跃，有机物分解消化快，产气量高（一般每天每立方米料液产气2.0米^{3}以上），原料滞留期短。但沼气中甲烷的含量比中温常温发酵都低，一般只有50%左右，从原料利用的角度来讲并不合算。该方式主要适用于处理温度较高的有机废物和废水，如酒厂的酒糟废液、豆腐厂废水等，这种工艺的自身能耗较多。

（2）中温发酵。发酵温度在30～35℃，特点是微生物较活跃，有机物消化较快，产气率较高（一般每天在1米^3/米^{3}料液以上），与高温发酵相比，液化速度要慢一些，但沼气的总产量和沼气中甲烷的含量都较高，可比常温发酵产气量高5～15倍，从能量回收的经济观点来看，是一种较理想的发酵工艺类型。目前世界各国的大、中型沼气池普遍采用这种工艺。

（3）常温（自然温度，也叫变温）发酵。是指在自然温度下进行的沼气发酵。发酵温度基本上随气温变化而不断变化。由于我国的农村沼气池多数为地下式，因此发酵温度直接受到地温变化的影响，而地温又与气温变化密切相关。所以发酵随四季温度变化而变化，在夏天产气率较高，而在冬天产气率低。优点是沼气池结构简单，操作方便，造价低，但由于发酵温度常较低，不能满足沼气微生物的适宜活动温度，所以原料分解慢，利用率低，产气量少。我国农村采用的大多都是这种工艺。

4. 按发酵级差分

（1）单级发酵。在一个沼气池内进行发酵，农村沼气池多属于这种类型。

（2）二级发酵。在两个互相连通的沼气池内发酵。

（3）多级发酵。在多个互相连通的沼气池内发酵。

5. 二步发酵工艺 即将产酸和产甲烷分别在不同的装置中进行，产气率高，沼气中的甲烷含量高。

（三）影响沼气发酵的因素

沼气发酵与发酵原料、发酵浓度、沼气微生物、酸碱度、严格的厌氧环境和适宜的温度6个因素有关，人工制取沼气必须适时掌握和调节好这6个因素。

1. 发酵原料 发酵原料是产生沼气的物质基础，只有具备充足的发酵原料才能保证沼气发酵的持续运行。目前农村用于沼气发酵的原料十分丰富，数量巨大，主要是各种有机废弃物，如农作物秸秆、畜禽粪便、人粪尿、水浮莲、树叶杂草等。用不同的原料发酵时要注意碳、氮元素的配比，一般碳氮比（C/N）在20～30∶1时最合适。高于或低于这个比值，发酵就要受到影响，所以在发酵前应对发酵原料进行配比，使碳氮比在这个范围之中。同时，不是所有的植物都可作为沼气发酵原料，例如，桃叶、百部、马钱子果、皮皂皮、元江金光菊、元江黄芩、大蒜、植物生物碱、金属化合物、盐类和刚消过毒的畜禽粪便等，都不能进入沼气池。它们对沼气发酵有较大的抑制作用，故不能作为沼气发酵原料。

由于各种原料所含有机物成分不同，它们的产气率也是不相同的。根据原料中所含碳素和氮素的比值（即 C/N 比）不同，可把沼气发酵原料分为以下类型。

（1）富氮原料。人、畜和家禽粪便为富氮原料，一般碳氮比（C/N）都小于 25∶1，这类原料是农村沼气发酵的主要原料，其特点是发酵周期短，分解和产气速度快，但这类原料单位发酵原料的总产气量较低。

（2）富碳原料。在农村主要指农作物秸秆，这类原料一般碳氮比（C/N）都较高，在 30∶1 以上，其特点是原料分解速度慢，发酵产气周期长，但单位原料总产气量较高。

另外，还有其他类型的发酵原料，如城市有机废物、大中型农副产品加工废水和水生植物等。

根据测试结果显示，玉米秸秆的产气潜力最大，稻麦草和人粪次之，牛马粪、鸡粪产气潜力较小。各种原料的产气速度分解有机物的速度也是各不相同的。猪粪、马粪、青草 20 天产气量可达总产气量的 80%以上，60 天结束；作物秸秆一般要 30～40 天以上的产气量才能达到总产气量的 80%左右，60 天达到 90%以上。

农村常用原料的含水量、碳氮比和产气率见表16-1。

表 16-1 常用发酵原料的构成与效能

发酵原料	含水量（%）	碳素比率（%）	氮素比率（%）	碳氮比（C/N）	产气率（米^3/千克）
干麦秸	18.0	46.0	0.53	87：1	0.27～0.45
干稻草	17.0	42.0	0.63	67：1	0.24～0.40
玉米秸	20.0	40.0	0.75	53：1	0.3～0.5
落叶		41.0	1.00	41：1	
大豆茎		41.0	1.30	32：1	
野草	76.0	14.0	0.54	27：1	0.26～0.44
鲜羊粪		16.0	0.55	29：1	
鲜牛粪	83.0	7.3	0.29	25：1	0.18～0.30
鲜马粪	78.0	10.0	0.42	24：1	0.20～0.34
鲜猪粪	82.0	7.8	0.60	13. ：1	0.25～0.42
鲜人粪	80.0	2.5	0.85	2.9：1	0.26～0.43
鲜人尿	99.6	0.4	0.93	0.43：1	
鲜鸡粪	70.0	35.7	3.70	9.7：1	0.3～0.49

在农村以人、畜粪便为发酵原料时，其发酵原料提供量可根据下列参数计算，一般来说，一个成年人一年可排粪尿600千克左右，畜禽粪便的排泄量如下：猪（体重40～50千克）的粪排泄量为2.0～2.5千克/（天·头），牛的粪排泄量为18～20千克/（天·头），鸡的粪排泄量为0.1～0.2千克/（天·只），羊的粪排泄量为2千克/(天·头)。

农村最主要的发酵原料是人畜粪便和秸秆，人畜粪便不需要进行预处理。而农作物秸秆由于难以消化，必须预先经过堆沤才有利于沼气发酵。在北方由于气温低，宜采用坑式堆沤：首先将秸秆铡成3厘米左右，踩紧堆成30厘米厚，泼2%的石灰澄清液并加10%的粪水（即100千克秸秆、用2千克石灰澄清液、10千克粪水）。照此方法铺3～4层，堆好后用是塑料薄膜覆盖，堆沤半月左右，便可作发酵原料。

在南方由于气温较高，用上述方法直接将秸秆堆沤在地上即可。

2. 发酵浓度 除了上述原料种类对沼气发酵的影响外，发酵原料的浓度对沼气发酵也有较大影响。发酵原料的浓度高低在一定程度上表示沼气微生物营养物质丰富与否。浓度越高表示营养越丰富，沼气微生物的生命活动也越旺盛。在生产实际应用中，可以产生沼气的浓度范围很广，从2%～30%的浓度都可以进行沼气发酵，但一般农村常温发酵池发酵料浓度以6%～10%为好，人、畜和家禽粪便为发酵原料时料浓度可以控制在6%左右；以秸秆为发酵原料时料浓度可以控制在10%左右。另外，根据实际经验，夏天以6%的浓度产气量最高，冬季以10%的浓度产气量最高。这就是通常说的夏天浓度稀一点好，冬天浓度稠一点好。

3. 沼气微生物 沼气发酵必须有足够的沼气微生物接种，接种物是沼气发酵初期所需要的微生物菌种，接种物来源于阴沟污泥或老沼气池沼渣、沼液等。也可人工制备接种物，方法是将老沼气池的发酵液添加一定数量的人、畜粪便。比如，要制备500千克发酵接种物，一般添加200千克的沼气发酵液和300千克的人畜粪便混合，堆沤在不渗水的坑里并用塑料薄膜密闭封口，1周后即可作为接种物。如果没有沼气发酵液，可以用农村较为肥沃的阴沟污泥250千克，添加250千克人、畜粪便混合堆沤1周左右即可；如果没有污泥，可直接用人、畜粪便千克500千克进行密闭堆沤，10天后便可作沼气发酵接种物。一般接种物的用量应达到发酵原料的20%～30%。

4. 酸碱度 发酵料的酸碱度也是影响发酵重要因素，沼气池适宜的酸碱度（即pH）为6.5～7.5，过高过低都会影响沼气池内微生物的活性。在正常情况下，沼气发酵的pH有一个自然平衡过程，一般不需调节，但在配料不当或其他原因而出现池内挥发酸大量积累，导致pH下降，俗称酸化，这时便可采用以下措施进行调节。

（1）如果是因为发酵料液浓度过高，可让其自然调节并停止向池内进料。

（2）可以加一些草木灰或适量的氨水，氨水的浓度控制在5%（即100千克氨水中，95千克水、5千克氨水）左右，并注意发酵液充分搅拌均匀。

（3）用石灰水调节。用此方法，尤其要注意逐渐加石灰水，先用2%的石灰水澄清液与发酵液充分搅拌均匀，测定pH，如果pH还偏低，则适当增加石灰水澄清液，充分混匀，直到pH达到要求为止。

发酵料的酸碱度可用 pH 试纸来测定，将试纸条在沼液里浸以下，将浸过的纸条与测试酸碱度的标准纸条比较，浸过沼液的纸条上的颜色与标准纸上的颜色一致的便是沼气池料液的酸碱度数值，即 pH。

5. 严格的厌氧环境　沼气发酵一定要在密封的容器中进行，避免与空气中的氧气接触，要创造一个严格的厌氧环境。

6. 适宜的温度　发酵温度对产气率的影响较大，农村变温发酵方式沼气池的适宜发酵温度为 15～25℃。为了提高产气率，农村沼气池在冬季应尽可能提高发酵温度。可采用覆盖秸秆保温、塑料大棚增温和增加高温性发酵料增温等措施。

另外，除要掌握和调节好以上 6 个因素外，还需在沼气发酵过程中对发酵液进行搅拌，使发酵液分布均匀，增加微生物与原料的接触面，加快发酵速度，提高产气量。在农村简易的搅拌方式主要有以下 3 种。

一是机械搅拌：用适合各种池型的机械搅拌器对料液进行搅拌，对搅拌发酵液有一定效果。

二是液体回流搅拌：从沼气池的出料间将发酵液抽出，然后又从进料管注入沼气池内，产生较强的料液回流以达到搅拌和菌种回流的目的。

三是简单震动搅拌：用一根前端略带弯曲的竹竿每日从进出料间向池底震荡数 10 次，以震动的方式进行搅拌。

(四) 沼气池的类型

懂得了沼气发酵的原理，就可以在人工控制下利用沼气微生物来制取沼气，为人类的生产、生活服务。人工制取沼气的首要条件就是要有一个合格的发酵装置。这种装置，目前我国统称为沼气池。沼气池的形状类型很多，形式不一。根据各自的特点，将其分为以下几类。

1. 按贮气方式分 可分为水压式沼气池、浮罩式沼气池及袋式沼气池。

(1) 水压式沼气池。水压式沼气池又分为侧水压式、顶水压式和分离水压式。

水压式沼气池是目前我国推广数量最大、种类最多的沼气池，其工作原理是池内装入发酵原料(约占池容量的80%左右)，以料液表面为界限，上部为贮气间，下部为发酵间。当沼气池产气时，沼气集中于贮气间内，随着沼气的增多，容积不断增大，此时沼气压迫发酵间内发酵液进入水压间。当用气时，贮气间的沼气被放出，此时，水压间内的料液进入发酵间。如此“气压水、水压气”反复进行，因此称之为水压式沼气池。

水压式沼气池结构简单、施工方便，各种建筑材料均可使用，取料容易，价格较低，比较适合我国农村的经济水平。但水压式沼气池气压不稳定，对发酵有一定的影响，且水压间较大，冬季不易保温，压力波动较大，对抗渗漏要求严格。

(2) 浮罩式沼气池。浮罩式沼气池又分为顶浮罩式和分离浮罩式。

浮罩式沼气池是把水压式沼气池的贮气间单独建造分离出来，即沼气池所产生的沼气被一个浮沉式的气罩贮存起来，沼气池本身只起发酵间的作用。浮罩式沼气池压力稳定，便于沼气发酵及使用，对抗渗漏性要求较低，但其造价较高，在大部分农村有一定的经济局限性。

(3) 袋式沼气池。如河南省研制推广的全塑及半塑沼气池等。

袋式沼气池成本低，进出料容易，便于利用阳光增温，提高产气率，但其实用寿命较短，年使用期短，气压低，对燃烧有不利的影响。

2. 按发酵池的几何形状分 可分为圆筒形池、球形池、椭球形池、长方形池、方形池、纺锤形池、拱形池等。

圆形或近似于圆形的沼气池与长方形池比较，具有以下优点：①相同容积的沼气池，圆形比长方形的表面积小，省工、省料。②圆形池受力均匀，池体牢固，同一容积的沼气池，在相同荷载作用下，圆形池比长方形池的池墙厚度小。③圆形沼气池的内壁没有直角，容易解决密封问题。

球形水压式沼气池具有结构合理，整体性好，表面积小，省工省料等优点，因此，球形水压式沼气池已从沿海河网地带，发展到其他地区，推广面逐步扩大。其中，球形 A 型，适用于地下水位较低地方，其特点是，在不打开活动盖的情况下，可经出料管提取沉渣，方便管理，节省劳力。球形B型占地少，整体性好，因此在土质差、水位高的情况下，具有不易断裂、抗浮力强等特点。

椭球形池是近年来发展的新池型，具有埋置深度浅、受力性能好、适应性能广、施工和管理方便等特点。其中，A型池体由椭圆曲线绕短轴旋转而形成的旋转椭球壳体形，也称扁球形。埋置深度浅，发酵底面大，一般土质均可选用。B型池体由椭圆曲线绕长轴旋转而形成的旋转椭球壳体形，似蛋，也称蛋形。埋置深度浅，便于搅拌和进出料，适应狭长地面建池。

3. 按建池材料分 可分为砖结构池、石结构池、混凝土池、钢筋混凝土池、钢丝网水泥池、钢结构池、塑料或橡胶池、抗碱玻璃纤维水泥池等。

4. 按埋伏的位置分 可分为地上式沼气池、半埋式沼气池、地下式沼气池。

多年的实践证明，在我国农村建造家用沼气池一般为水压式、圆筒形池、地下式池，平原地区多采用砖水泥结构池或混凝土浇筑池。

（五）沼气池的建造

农村家用沼气池是生产和贮存的装置，它的质量好坏，结构和布局是否合理，直接关系到能否产好、用好、管好沼气。因此，修建沼气池要做到设计合理，构造简单，施工方便，坚固耐用，造价低廉。

有些地方由于缺乏经验，对于建池质量注意不够，以致池子建成后漏气、漏水，不能正常使用而成为“病态池”；有的沼气池容积过大、过深，有效利用率低，出料也不方便。根据多年来的实践经验，在沼气池的建造布局上，南方多采用“三结合”（厕所、猪圈、沼气池），北方多采用“四位一体”（厕所、猪圈、沼气池、太阳能温棚）方式，有利于提高综合效益。

由于北方冬季寒冷的气候使沼气池运行较困难，并且易造成池体损坏，沼气技术难以推广。广大科技人员通过技术创新和实践，根据北方冬季寒冷的特定环境下创建北方“四位一体”生态模式，既沼气、猪圈、厕所、太阳能温棚四者修在一起，它的主要好处是：①人、畜粪便能自动流入沼气池，有利于粪便管理；②猪圈设置在太阳能温棚内，冬季使圈舍温度提高 3～5℃，为猪提供了适宜的生长条件，缩短了生猪育肥期；③猪圈下的沼气池由于太阳能温棚而增温、保温，解决了北方地区在寒冷冬季产气难、池子易冻裂的技术问题，年总产气量与太阳能温棚的沼气池相比提高 20%～30%；④高效有机肥（沼肥）增加 60%以上，猪呼出的 CO_2，使太阳能温棚内 CO_2 的浓度提高，有助于温棚内农作物的生长，即增产，又提质。

1. 建造沼气池的基本要求　不论建造哪种形式、哪种工艺的沼气池，都要符合以下基本要求：

（1）严格密闭。保证沼气微生物所要求的严格厌氧环境，使发酵能顺利进行，能够有效地收集沼气。

（2）结构合理。能够满足发酵工艺的要求，保持良好的发酵条件，管理操作方便。

（3）坚固耐用，造价低廉，建造施工及维修保养方便。

（4）安全、卫生、实用、美观。

2. 建造沼气池的标准 怎样修建沼气池？修建沼气池使用什么材料？沼气池建好后怎么判断它的质量是否符合使用要求？这些问题需要在以下国家标准中找到答案，即：

GB4750 农村家用水压式沼气池标准图集

GB4751 农村家用水压式沼气池质量验收标准

GB4752 农村家用水压式沼气池施工操作规程

GB7637 农村家用沼气管路施工安装操作规程

GB9958 农村家用沼气发酵工艺规程

GB7959 粪便无害化卫生标准

还可以参考 DB21/T 835—94 北方农村能源生态模式标准。修建沼气池不同于修建民用住房，有一些要求。所以国家专门发布了有关技术标准（包括土建工程中相关的国家标准），来保证沼气池的建造质量。如果建池质量不符合要求或者因为建池地基处理不适当，会使沼气池漏水、漏气，不能正常工作，则需要检查出毛病，进行修补，费时费力。

我国沼气技术推广部门已形成了一个网络，各省（自治区、直辖市）、市、县有专门的机构负责沼气的推广工作，有的地区乡镇、村都有沼气技术员负责沼气的推广工作，如果你要想修建沼气池，可以找当地农村能源办公室（有的地方叫沼气办公室），因为他们是经过专门的技术培训，经考核并获资格证书，故修建的沼气池质量可以得到保证。

3. 沼气池容积大小的确定 沼气池容积的大小（一般指有效容积，即主池的净容积），应该根据发酵原料的数量和用气量等因素来确定，同时要考虑到沼肥的用量及用途。

在农村，按每人每天平均用气量0.3～0.4米^3，一个4口人的家庭，每天煮饭、点灯需用沼气1.5米^{3}左右。如果使用质量好的沼气灯和沼气灶，耗气量还可以减少。

根据科学试验和各地的实践，一般要求平均按一头猪的粪便量（约5千克）入池发酵，即规划建造1米^{3}的有效容积估算。池容积可根据当地的气温、发酵原料来源等情况具体规划。北方地区冬季寒冷，产气量比南方低，一般家用池选择8米^{3}或10米^3；南方地区，家用池选择6米^{3}左右。按照这个标准修建的沼气池，管理得好，春、夏、秋三季所产生的沼气，除供煮饭、烧水、照明外还可有余，冬季气温下降，产气减少，仍可保证煮饭的需要。如果有养殖规模，粪便量大或有更多的用气量要求可建造较大的沼气池，池容积可扩大到15～20米^3。如果仍不能满足要求或需要，就要考虑建多个池。

有的人认为，“沼气池修得越大，产气越多”，这种看法是片面的。实践证明，有气无气在于“建”（建池），气多气少在于“管”（管理）。大沼气池容积虽大，如果发酵原料不足，科学管理措施跟不上，产气还不如小池子。但是也不能单纯考虑管理方便，把沼气池修的很小，因为容积过小，影响沼气池蓄肥、造肥的功能，这也是不合理的。

4. 水压式、圆筒形沼气池的建造工艺 目前国内农村推广使用最为广泛的为水压式沼气池，这种沼气池主要由发酵间、贮气间、进料管、水压间、活动盖、导气管6个主要部分组成。它们相互连通组成一体。其沼气池结构示意图如图16-1。

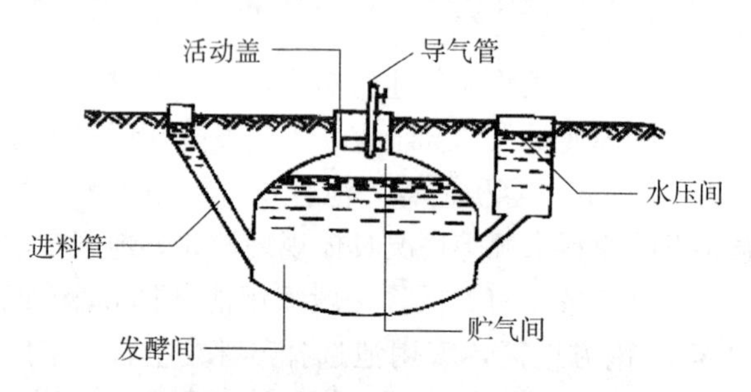

图16-1 农村家用沼气池示意图

发酵间与贮气间为一整体，下部装发酵原料的部分称为发酵间，上部贮存沼气的部分称为贮气间，这两部分称为主池。进料管插入主池中下部，作为平时进料用。水压间的作用一是起着存放从主池挤压出来的料液的作用；二是用气时起者将沼气压出的作用。活动盖设置在沼气池顶部，是操作人员进出沼气的通道，平时作为大换料的进出料孔。

沼气池的工作原理：当池内产生沼气时，贮气间内的沼气不断增多，压力不断提高，迫使主池内液面下降，挤压出一部分料液到水压间内，水压间液面上升与池内液面形成水位差，使池内沼气产生压力。当人们打开炉灶开关用气时，沼气池内的压力逐渐下降，水压间料液不断流回主池，液面差逐渐减小。压力也随之减小。当沼气池内液面与水压间液面高度相同时，池内压力就等于零。

（1）修建沼气池的步骤。①查看地形，确定沼气池修建的位置；②拟订施工方案，绘制施工图纸；③准备施工材料；④放线；⑤挖土方；⑥支模（外模和内模）；⑦混凝土浇筑，或砖砌筑，或预制砼大板组装；⑧养护；⑨拆模；⑩回填土；⑪密封层施工；⑫输配气管件、灯、灶具安装；⑬试压，验收。

（2）建池材料的选择。农村户用小型沼气池，常用的建池材料是砖、沙、石子、水泥。现将这些材料的一般性质介绍如下：

A. 水泥。水泥是建池的主要材料，也是池体产生结构强度的主材料。常见的水泥有普通硅酸盐水泥和矿渣硅酸盐水泥两种。普通硅酸盐水泥早期强度高，低温环境中凝结快，稳定性、耐冻性较好，但耐碱性能较差，矿渣水泥耐酸碱性能优于普通水泥，但早期强度低，凝结慢，不宜在低温环境中施工，耐冻性差，所以建池一般应选用普通水泥，而不宜用矿渣水泥。

水泥的标号，是以水泥的强度来定的。水泥强度是指每平方厘米能承受的最大压力。普通水泥常用标号有225、325、425、525（分别相当于原来的300号、400号、500号、600号），修建沼气池要求325号以上的水泥。

B. 沙、石。沙、石是混凝土的填充骨料。沙的容量为1 500～1 600千克/米^3，按粒径的大小，可以分为粗沙、中沙、细沙。建池需选用中沙和粗沙，一般不采用细沙。碎石一般容量为1 400～1 500千克/米^3，按照施工要求，混凝土中的石子粒径不能大于构件厚度的1/3，建池用碎石最大粒径不得超过2厘米为宜。

C. 砖的选择。砖的外性一般为24厘米×11.5厘米×5.3厘米，砖每立方米容重为1 600～1 800千克，建池一般选用75号以上的机制砖。（目前沼气池的施工完全采用水泥混凝土浇筑，砖只用来搭模用，要求表面平滑即可。）

（3）施工工艺。沼气池的施工工艺大体可分为三种：一是整体浇注；二是快体砌筑；三是混合施工。

A. 整体浇注。整体浇注是从下列上，在现场用混凝土浇成。这种池子整体性能好，强度高，适合在无地下水的地方建池。混凝土浇筑可采用砖模、木模、钢模均可。

B. 快体砌筑。快体砌筑是用砖、水泥预制或料石一块一块拼砌起来。这种施工工艺适应性强，各类基地都可以采用。快体可以实行工厂化生产，易于规格化、标准化、系列化批量生产；实行配套供应，可以节省材料、降低成本。

C. 混合施工。混合施工是快体砌筑与现浇施工相结合的施工方法。如池底、池墙用混凝土浇注，拱顶用砖砌；池底浇注，池墙砖砌，拱顶支模浇筑等。

（4）试水试气检查质量。除了在施工过程，对每道工序和施工的部分要按相关标准中规定的技术要求检查外，池体完工后，应对沼气池各部分的几何尺寸进行复查，池体内表面应无蜂窝、麻面、裂纹、砂眼和孔隙，无渗水痕迹等明显缺陷，粉刷层不得有空壳或脱落。在使用前还要对沼气池进行检查，最基本和最主要的检查是看沼气池有没有漏水、漏气现象。检查的方法有两种：一种是水试压法，另一种是气试压法。

A. 水试压法。即向池内注水，水面至进出料管封口线水位时可停止加水，待池体湿透后标记水位线，观察 12 小时。当水位无明显变化时，表明发酵间进出料管水位线以下不漏水，才可进行试压。

试压前，安装好活动盖，用泥和水密封好，在沼气出气管接上气压表后继续向池内加水，当气压表水柱差达到10 千帕（1 000 毫米水柱）时，停止加水，记录水位高度，稳压24小时，如果气压表水柱差下降在0.3千帕（300毫米水柱）内，符合沼气池抗渗性能。

B. 气试压法。第一步与水试压法相同。在确定池子不漏水之后，将进、出料管口及活动盖严格密封，装上气压表，向池内充气，当气压表压力升至8千帕时停止充气，并关好开关。稳压观察24小时，若气压表水柱差下降在0.24千帕以内，沼气池符合抗渗性能要求。

5. 户用沼气池建造与启动管理技术要点 怎样建好、管好和用好沼气池是当前推广和应用沼气的关键环节。现根据多年基层工作实践提出如下建造与启动管理技术要点：

（1）沼气池建造技术要点。沼气池的建造方式很多，要根据国家标准结合当地气候条件和生产条件建造，关键技术要注意以下几点：①选址。沼气池的选址与建设质量和使用效果有很大关系，如果池址选择不当，对池体寿命和以后的正常运行，管理以及使用效果造成影响。一般要选择在院内厕所和养殖圈的下方，利于“一池三改”，并且要求土质坚实，底部没有地窖、渗井、虚土等隐患，距厨房要近。②池容积的确定。户用沼气池由于采用常温发酵方式，冬季温度相对较低产气量小，要以冬季保证满足能做三顿饭和照明取暖为基本目标，根据当地气候条件与采取的一般保温措施相结合来确定建池容积大小，通过近年实践，豫北地区以10～

15 米^{3}大小为宜。③主体要求。一般要求主体高 1.25～1.5 米，拱曲率半径为直径的 0.65～0.75 倍。另外，要求底部为锅底形。④留天窗口并加盖活动盖。无论何种类型及结构的沼气池均应采用留天窗口并加盖活动盖的建造方式，否则将会给管理应用带来很多不便，甚至影响到池的使用寿命。天窗口一般要留在沼气池顶部中间，直径 60～70 厘米，活动口盖应在地表 30 厘米以下，以防冬季受冻结冰。⑤对进料管与出料口的要求。进料管与出料口要求对称建造，进料管直径不小于 30 厘米，管径太细容易产生进料堵塞和气压大时喷料现象；出料口一般要求月牙槽式底层出料方式，月牙槽高 60～70 厘米、宽 50 厘米左右。⑥水压间。户用沼气池不能太小，小了池内沼气压力不实，要求水压间应根据池容积而定，其大小容积一般是主体容积×0.3÷2，即建一个 10 米^{3}的沼气池，水压间容积应为 10×0.3÷2＝1.5 米^3。⑦密封剂。沼气池密封涂料是要保证沼气池质量的一项必不可少的重要材料，必须按要求足量使用密封涂料。要求选用正规厂家生产的密封胶，同时要求密封剂要具备密封和防腐蚀两种功能。⑧持证上岗，规范施工。沼气生产属特殊工程，需要由国家“沼气工”持证人员按要求建池，才能够保证结构合理，质量可靠，应用效果好。不能够为省钱，图方便，私自乱建，否则容易走弯路，劳民伤财。

（2）沼气池的启动与管理技术。沼气池建好后必须首先试水、试气，检查质量合格后，才能启动使用。①对原料的要求。新建沼气池最好选用牛、马粪作为启动原料，牛、马粪适当掺些猪粪或人粪便也可，但不能直接用鸡粪启动。牛、马粪原料要在地上盖塑料膜，高温堆沤5～7天，然后按池容积80%的总量配制启动料液，料液浓度以10%左右为宜，同时还要添加适量的坑塘污泥或老沼气池底部的沉渣作为发酵菌种同时启动。②对温度要求。沼气池启动温度最好在20～60℃，温度低于10℃就无法启动了。所以户用沼气池一般不要在冬季气温低时启动，否则会使料液酸化变质，很难启动成功。③对料液酸碱度的要求。沼气菌适用于在中性或微碱性环境中启动，过酸过碱均不利于启动产气。所以，料液在保持中性，即pH在7左右。④投料后管理。进料3～5天后，观察有气泡产生，要密封沼气池，当气压表指针到4时，先放一次气，当指针恢复到4时，可进行试火，试火时先点火柴，再打开开关，在沼气灶上试火。如果点不着，继续放掉杂气，等气压表再达到4个压力时，再点火，当气体中甲烷含量达到30%以上时，就能点着火了，说明沼气池开始正常工作了。⑤正常管理。沼气池正常运行后，第一个月内，每天从水压间提料液3～5桶，再从进料管处倒进沼气内，使池内料液循环流动，这段时间一般不用添加新料。待沼气产气高峰过后，一般过两个月后，要定期进料出料，原则上出多少进多少，平常不要大进大出。在寒冷季节到来前即每年的11月，可进行大换料一次，要换掉料液的50%～60%，以保证冬季多产气。

另外还要勤搅拌，可扩大原料和细菌的接触面积，打破上层结壳，使池内温度平衡。⑥采取覆盖保温措施。冬季气温低，要保证正常产气就要注意沼气池上部采取覆盖保温措施，可在上部覆盖秸秆或搭塑料布暖棚。⑦注意事项。沼气池可以进猪、牛、鸡、羊等畜禽粪便和人粪尿，要严禁洗涤剂、电池、杀菌剂类农药、消毒剂和一些辛辣蔬菜老梗等物质进入，以免影响发酵产气。

（六）输气管道的选择与输气管道的安装

沼气输气管道的基本要求：一是要保证沼气池的沼气能够顺利、安全经济地输出；二是输出的沼气要能够满足燃具的工作要求，要有一定的流量和一定的压力。输气导管内径的大小，要根据池子的容积、用气距离和用途来决定。如沼气池容积大，用气量大，用气距离较远则输气导管的内径应当大一些。一般农户使用的沼气池输气导管的内径以0.8～1厘米为宜。管径小于0.8厘米沿程阻力较大，当压力小于灶具（灯具）的额定压力时燃烧效果就差。目前农村使用的输气管，主要是聚氯乙烯塑料管。输气管道分地下和地上两部分，地下部分可采用直径20毫米的硬质塑料管，埋设深度应在当地冻土层以下，以利于保温和抗老化。室内部分可采用8～10毫米的软质塑料管。沼气池距离使用地点应在30米以内。由于冬季气温较低，沼气容易冷凝成水，阻塞导气管，因此应在输气管道的最低处接一放水开关，及时将导管内的积水排除。

1. 输气管道的布置原则与方法

(1) 沼气池至灶前的管道长度一般不应超过30米。

(2) 当用户有两个沼气池时，从每个沼气池可以单独引出沼气管道，平行敷设，也可以用三通将两个沼气池的引出管接到一个总的输气管上再接向室内（总管内径要大于支管内径）。

(3) 庭院管道一般应采取地下敷设，当地下敷设有困难时亦可采用沿墙或架空敷设，但高度不得低于2.5米。

(4) 地下管道埋设深度南方应在0.5米以下，北方应在冻土层以下。所有埋地管道均应外加硬质套管（铁管、竹管等）或砖砌沟槽，以免压毁输气管。

(5) 管道敷设应有坡度，一般坡度为1%左右。布线时使管道的坡度与地形相适应，在管道的最低点应安装气水分离器。如果地形较平坦，则应将庭院管道坡向沼气池。

(6) 管道拐弯处不要太急，拐角一般不应小于120°。

2. 检查输气管路是否漏气的方法 输气管道安装后还应检查输气管路是否漏气，方法是将连接灶具的一端输气管拔下，把输气管接灶具的一端用手堵严，沼气池气箱出口一端管子拔开，向输气管内吹气或打气，U型压力表水柱达30厘米以上，迅速关闭沼气池输送到灶具的管路之间的开关，观察压力是否下降，2～3分钟后压力不下降，则输气管不漏气，反之则漏气。

3. 注意安装气水分离器和脱硫器 沼气灶具燃烧时输气管里有水泡声，或沼气灯点燃后经常出现一闪一闪的现象，这种情况的原因是沼气中的水蒸气在管内凝积或在出料时因造成负压，将压力表内的水倒吸入输气导管内，严重时，灯、灶具会点不着火。在输气管道的最低处安装一个水气分离器就可解决这个问题。

由于沼气中含有以硫化氢为主的有害物质，在作为燃料燃烧时会危害人体健康，并对管道阀门及应用设备有较强的腐蚀作用。目前，国内大部分用户均未安装脱硫器，已造成严重后果。为减轻硫化氢对灶具及配套用具的腐蚀损害，延长设备使用寿命，保证人身体健康，必须安装脱硫器。

目前脱硫的方法有湿法脱硫和干法脱硫两种。干法脱硫具有工艺简单、成熟可靠、造价低等优点，并能达到较好的净化程度。当前家用沼气脱硫基本上采用这个方法。

干法脱硫是应用脱硫剂脱硫，脱硫剂有活性炭、氧化锌、氧化锰、分子筛及氧化铁等，从运转时间、使用温度、无公害、价格等综合考虑，目前采用最多的脱硫剂是氧化铁（Fe_2O_3）。

简易的脱硫器材料可选玻璃管式、硬塑料管式均可，但不能漏气。

（七）沼气灶具、灯具的安装及使用

1. 沼气灶的构造 沼气灶一般由喷射器（喷嘴）、混合器、燃烧器三部分组成。喷射器起喷射沼气的作用。当沼气以最快的速度从喷嘴射出时，引起喷嘴周围的空气形成低压区，在喷射的沼气气流的作用下，周围的空气被沼气气流带入混合器。混合器的作用是使沼气和空气能充分的混合，并有降低高速喷入的混合气体压力的作用。燃烧器由混合器分配燃烧火孔两部分构成。分配室使用沼气和空气进一步混合，并起稳压作用。燃烧火孔是沼气燃烧的主要部位，火孔的分布均匀，孔数要多些。

2. 沼气灯的结构 沼气灯是利用沼气燃烧使纱罩发光的一种灯具。正常情况下，它的亮度相当于60～100瓦的电灯。

沼气灯由沼气喷管、气体混合室、耐火泥头、纱罩、玻璃灯罩等部分构成。沼气灯的使用方法：沼气灯接上耐火泥头后，先不套纱罩，直接在泥头上点火试烧。如果火苗呈淡蓝色，而且均匀地从耐火泥头喷出来，火焰不离开泥头，表明灯的性能良好。关掉沼气开关，等泥头冷却后绑好纱罩，即可正常使用。新安装的沼气灯第一次点火时，要等沼气池内压力达到784.5帕（即80厘米水柱）时再点。新纱罩点燃后，通过调节空气配比，或从底部向纱罩微微吹气，使光亮度达到白炽。

在日常使用沼气灯时还应注意以下两点：一是在点灯时切不可打开开关后迟迟不点，这会使大量的沼气跑到纱罩外面，一旦点燃易烧伤人手，严重的还会烧伤人的面部。二是因损坏而拆换下来的纱罩要小心处理，燃烧后的纱罩含有二氧化钍，是有毒的。手上如果沾到纱罩灰粉要及时洗净，不要弄到眼睛里或沾到食物上误食中毒。

（八）沼气池的管理与应用

沼气池建好并经过试水试气检查质量合格后，就可正常使用了。

1. 沼气发酵原料的配置

农村沼气发酵种类根据原料和进料方式，常采用以秸秆为主的一次性投料和以禽畜粪便为主的连续进料两种发酵方式。

（1）以禽畜粪便为主的连续进料发酵方式。在我国农村一般的家庭宜修建 10 米^3 水压式沼气池，发酵有效容积约 8.5 米^3。由于不同种类畜禽粪便的干物质含量不同，现以猪粪为例计算如何配置沼气发酵原料。

猪粪的干物质含量为 18%左右，南方发酵浓度宜为 6%左右，则需要猪粪 2 100 千克，制备的接种物 900 千克（视接种物干物质含量与猪粪一样），添加清水 5 700 千克；北方发酵浓度宜为 8%左右，则需猪粪约 2 900 千克，制备的接种物 900 千克，添加清水 4 700 千克，在发酵过程中由于沼气池与猪圈、厕所修在一起，可自行补料。

（2）秸秆结合禽畜粪便投料发酵方式。可根据所用原料的碳氮比、干物质含量等通过计算，就可以得出各种原料的使用量。

表 16-2 几种干物质含量的秸秆与禽畜粪便原料使用量

原料比例	干物质（%）	1米³容积装料量（千克）				
鲜猪粪：秸秆：水		猪粪		秸秆	水	接种物
1：1：23	4	40		40	620～820	100～300
1：1：15	6	60		60	580～730	100～300
1：1：10	8	75		75	550～750	100～300
1：1：8	10	100		100	500～700	100～300
人粪：猪粪：秸秆：水		人粪	猪粪	秸秆	水	接种物
1：1：1：27	4	33	33	33	600～800	100～300
1：1：1：17	6	50	50	50	550～750	100～300
1：1：1：12	8	66	66	66	500～700	100～300
1：1：1：8	10	83	83	83	456～650	100～300

（3）配建秸秆酸化池提高产气率。虽然近年来农村养殖业发展迅速，但一些地区受许多因素限制，畜牧业还不发达，只靠牲畜粪便还不能满足沼气发展的需求，而目前的池型又只适宜纯粪便原料，草料入池发酵就会使上层结壳，并且出料难。为了解决这一问题，可在猪舍内建一秸秆水解酸化池，把杂草和作物秸秆填入池内，加水浸泡沤制，

发酵变酸后再将酸化池内的水放入正常的沼气池，这样可以大大提高产气率。这种做法的好处有以下几点：一是可扩大原料来源，把野草、菜叶及各种农作物秸秆都可以入池浸泡沤制，变废为宝用来生产沼气。二是由于秸秆原料的碳素含量高，可改善沼气池内料液的碳氮比，使之达到20～30∶1的最佳状态，有利于提高产气量。三是由于实现了分步发酵，沼气中的甲烷含量有所提高，使沼气灯更亮，灶火更旺。

该工艺是根据沼气发酵过程分为产酸和产甲烷两个阶段的原理而设计的，在使用过程中应注意以下事项：①新鲜的草料、秸秆需要浸泡一周以上，产生的酸液方可加入沼气池。②酸化池的大小可根据猪舍大小而定，一般以不超过长2米、宽1米、深0.9米为宜，可以采用砖砌或水泥混凝土浇筑保证不漏水即可。③产生的酸液每天定量加入沼气池，以便于调节当天和第二天的产气量。④酸化池内草料浸泡一个月后，需全部取出并换上新鲜草料重新沤制。⑤酸化池内冬季尽量少放水，以利于草料堆沤发酵，提高池温。

2. 选择适宜的投料时期进行投料 由于农村沼气池发酵的适宜温度为15～25℃，因而，在投料时宜选取气较高的时候进行，在适宜温度范围内投料，一般北方宜在3月准备原料，4～5月投料，等到7～8月温度升高后，有利于沼气发酵的完全进行，充分利用原料；南方除3～5月可以投料外，下半年宜在9月准备原料，10月投料，超过11月，沼气池的启动缓慢，同时，使沼气发酵的周期延长。具体到一天中则宜选取中午进行投料。

3. 沼气发酵料投料方法 经检查沼气池的密封性能符合要求即可投料。沼气池投料时，先应按沼气发酵原料的配置要求根据发酵液浓度计算出水量，向池内注入定量的清水，再将准备的原料先倒一半，搅拌均匀，再倒一半接种物与原料混合均匀，照此方法，将原料和菌种在池内充分搅拌均匀，最后将沼气池密封。

4. 正常启动沼气池 要使沼气池正常启动，如前所述的那样，要选择好投料的时间，准备好配比合适的发酵原料，入池后原料搅拌要均匀，水封盖板要密封严密。一般沼气池投料后第二天，便可观察到气压表上升，表明沼气池已有气体产生。最初所产生的气体，主要是各种分解菌、酸化菌活动时产生的二氧化碳和池内残留的空气，甲烷含量较低，一般不容易点燃，要将产生的气体放掉（直至气压表降至零），待气压表再次上升到784.5帕（80厘米水柱）时，即可进行点火实验。点火时一定要在炉灶上点，千万不可在沼气池导气管上点火，以防发生回火爆炸事故，如果能点燃，表明沼气池已正常启动。如果不能点燃，需将池内气体全部放掉，照上述方法再重复一次，如果还不行的话，则要检查沼气的料液是否酸化或其他原因。

用猪粪作发酵料易分解，酸碱度适中，因而最易启动；牛粪只要处理得当，启动也较快。而用人粪、鸡粪作发酵料，氨态氮浓度高，料液易偏碱；用秸秆作发酵料，难以分解，采用常规方法较难启动。如何才能使新沼气池投料后尽快产气并点火使用呢？可采取以下快速启动技术。

（1）掌握好初次进料的品种，全部用猪粪，或2/3的猪粪配搭1/3的牛马粪。

（2）搞好沼气池外预发酵，使其变黑发酸后方可入池。

（3）加大接种物数量，粪便入池后，从正常产气的沼气池水压间内取沼渣或沼液加入新池。

（4）掌握池温在12℃以上进料。在我国北方地区冬季最好不要启动新池，待春季池温回升到12℃以上再投料启动。

5. 搞好日常管理

（1）及时补充新料。沼气池建好并正常产气后，头一个月内的管理方法是：每天从水压间提水（3～5桶），再从进料管处倒进沼气池内，使池内料液自然循环流动，这段时间不用另加新料。随着发酵过程中原料的不断消耗，待沼气产气高峰过后，便要不断补充新鲜原料。一般从第二个月开始，应不断填入新料，每10米^{3}沼气池平均每天应填入新鲜的人畜粪便15～20千克，才能满足日常使用。自然温度发酵的沼气池，如池子与猪圈、厕所修在一起的，每天都在自动进料，一般不需考虑补料。

（2）经常搅拌可提高产气量。搅拌的目的在于打破浮渣，防止液面结壳，使新入池的发酵原料与沼气菌种充分接触，使甲烷菌获得充足的营养和良好的生活环境，以利于提高产气量。搅拌器的制作方法是用一根长度1米的木棒，一端钉上一块水木板，每天插入进料管内推拉几次，即可起到搅拌的作用。

（3）注意出料。多数家用的三结合沼气池是半连续进、出料的，即每天畜禽粪便是自动加入的，可以少量连续出料，最好进多少出多少，不要进少出多。如果压力表指示的压力为零，说明池子里已经没有可供使用的沼气，也可能是出料太多，进、出料管口没有被水封住，沼气进、出料间跑了，这时要进一些料，封住池子的气室。

在沼气池活动盖密封的情况下，进料和出料的速度不要太快，应保证池内缓慢生压或降压。

当一次出料比较大时，当压力表下降到零时，应打开输气管的开关，以免产生负压过大而损坏沼气池。

（4）及时破壳。沼气池正常产气并使用一段时间后，如果出现产气量下降，可能是池内发酵料液表面出现了结壳，致使沼气无法顺利输出，这时可将破壳器上下提拉并前后左右移动，即可将结壳破掉。结壳的多少与选用的发酵原料有关，如完全采用猪粪发酵出现结壳的现象要少一些；如果发酵原料中混合有牛、马等草食类牧畜粪便则结壳现象要多一些。特别是与厕所相连的沼气池应注意不要把卫生纸冲下去，卫生纸很容易造成结壳。

（5）产气量与产气率的计算。沼气池在运行过程中有机物质产气的总量叫产气量。而有机质单位重量的产气量叫原料产气率，它是衡量原料发酵分解好坏的一个主要指标。在农村，一般常采用池容产气率来衡量沼气发酵的正常与否。比如，一个6米^{3}的水压式沼气池，通过流量计的计数，每天生产沼气1.2米^3，因此它的池容产气率应为1.2/6＝0.2米^3/（米^3·天）。通过池容产气率计算，可以发现沼气发酵是否正常，从而查找原因，提高沼气的产气量。

二、沼气的综合利用实用技术

（一）沼气的利用

沼气在农村的用途很广，其常规用途主要是炊事照明，随着科技的进步和沼气技术的完善，沼气的应用范围越来越广，目前已在许多方面发挥了效应。

1. 沼气炊事照明 沼气在炊事照明方面的应用是通过灶具和灯具来实现的。

（1）沼气灶的类型。沼气灶按材料分有铸铁灶、搪瓷面灶、不锈钢面灶；按燃烧器的个数分有单眼灶、双眼灶。按燃料的热流量（火力大小）分有8.4兆焦/时、10.0兆焦/时、11.7兆焦/时，最大的有42兆焦/时。

按使用类别分有户用灶、食堂用中餐灶、取暖用红外线灶。按使用压力分有800帕和1 600帕两种，铸铁单灶一般使用压力为800帕，不锈钢单、双眼灶一般采用1 600帕压力。

沼气是一种与天然气较接近的可燃混合气体，但它不是天然气，不能用天然气灶来代替沼气灶，更不能用煤气灶和液化气的灶改装成沼气灶用。因为各种燃烧气有自己的特性，例如它可燃烧的成分、含量、压力、着火速度、爆炸极限等都不同。而灶具是根据燃烧气的特性来设计的，所以不能混用。沼气要用沼气灶，才能达到最佳效果，保证使用安全。

（2）沼气灶的选择。根据自己的经济条件和沼气池的大小及使用需要来选择沼气灶。如果沼气池较大、产气量大，可以选择双眼灶。如果池子小，产气量少，只用于一日三餐做饭，可选用单眼灶。目前较好的是自动点火不锈钢灶面灶具。

（3）沼气灶的应用。先开气后点火，调节灶具风门，以火苗蓝里带白，急促有力为佳。

我国农村家用水压式沼气池其特点是压力波动大，早晨压力高，中午或晚上由于用气后压力会下降。在使用灶具时，应注意控制灶前压力。目前沼气灶的设计压力为800帕和1 600帕（即80毫米水柱和160毫米水柱）两种，当灶前压力与灶具设计压力相近时，燃烧效果最好。而当沼气池压力较高时，灶前压力也同时增高而大于灶具的设计压力时，热负荷虽然增加了（火力大），但热效率却降低了（沼气却浪费了），所以在沼气压力较高时，要调节灶前开关的开启度，将开关关小一点控制灶前压力，从而保证灶具具有较高的热效率，以达到节气的目的。

由于每个沼气池的投料数量、原料种类及池温、设计压力的不同，所产沼气的甲烷含量和沼气压力也不同，因此沼气的热值和压力也在变化。沼气燃烧需要5～6倍空气，所以调风板（在沼气灶面板后下方）的开启度应随沼气中甲烷含量的多少进行调节。当甲烷含量多时（火苗发黄时），可将调风板开大一些，使沼气得到完全燃烧，以获得较高的热效率。当甲烷含量少时，将调风板关小一些。因此要通过正确掌握火焰的颜色、长度来调节风门的大小。但千万不能把调风板关死，这样火焰虽较长而无力，一次空气等于零，而形成扩散式燃烧，这种火焰温度很低，燃烧极不完全，并产生过量的一氧化碳。根据经验调风板开启度以打开3/4为宜（火焰呈蓝色）。

灶具与锅底的距离，应根据灶具的种类和沼气压力的大小而定，过高、过低都不好，合适的距离应是灶火燃烧时“伸得起腰”，有力，火焰紧贴锅底，火力旺，带有响声，在使用时可根据上述要求调节适宜的距离。一般灶具灶面距离锅底以2～4厘米为宜。

沼气灶在使用过程中火苗不旺可从以下几个方

面找原因：①沼气池产气不好，压力不足。②沼气中甲烷含量少，杂气多。③灶具设计不合理，灶具质量不好。如灶具在燃烧时，带入空气不够，沼气与空气混合不好不能充分燃烧。④输气管道太细、太长或管道阻塞导致沼气流量过小。⑤灶面离锅底太近或太远。⑥沼气灶内没有废气排除孔，二氧化碳和水蒸气排放不畅。

（4）沼气灯的应用。沼气灯是通过灯纱罩燃烧来发光的，只有烧好新纱罩，才能延长其使用寿命。其烧制方法是先将纱罩均匀地捆在沼气灯燃烧头上，把喷嘴插入空气孔的下沿，通沼气将灯点燃，让纱罩全部着火燃红后，慢慢地升高或后移喷嘴，调节空气的进风量，使沼气、空气配合适当，猛烈点燃，在高温下纱罩会自然收缩最后发生乓的一声响，发出白光即成。烧新纱罩时，沼气压力要足，烧出的纱罩才饱满发白光。

为了延长纱罩的使用寿命，使用透光率较好的玻璃灯罩来保护纱罩，以防止飞蛾等昆虫撞坏纱罩或风吹破纱罩。

沼气灯纱罩是用人造纤维或苎麻纤维织成需要的罩形后，在硝酸钍的碱溶液中浸泡，使纤维上吸满硝酸钍后晾干制成的。纱罩燃烧后，人造纤维就被烧掉了，剩下的是一层二氧化钍白色网架，二氧化钍是一种有害的白色粉末，它在一定温度下会发光，但一触就会粉碎。所以燃烧后的纱罩不能用手或其他物体去触击。

（5）使用沼气灯、灶具时，应注意的安全事项。①沼气灯、灶具不能靠近柴草、衣服、蚊帐等易燃物品。特别是草房，灯和房顶结构之间要保持1～1.5米的距离。②沼气灶具要安放在厨房的灶面上使用，不要在床头、桌柜上煮饭烧水。③在使用沼气灯、灶具时，应先划燃火柴或点燃引火物，再打开开关点燃沼气。如将开关打开后再点火，容易烧伤人的面部和手，甚至引起火灾。④每次用完后，要把开关扭紧，避免沼气在室内扩散。⑤要经常检查输气管和开关有无漏气现象，如输气管被鼠咬破、老化而发生破裂，要及时更新。⑥使用沼气的房屋，要保持空气流通，如进入室内，闻有较浓的臭鸡蛋味（沼气中硫化氢的气味），应立即打开门窗，排除沼气。此时，绝不能在室内点火吸烟，以免发生火灾。

2. 沼气取暖 沼气在用于炊事照明的同时产生温度可以取暖外，还可用专用的红外线炉取暖。

3. 沼气增温增光增气肥 沼气在北方“四位一体”的温室内通过灶具、灯具燃烧可转化成二氧化碳，在转化过程的同时，增加了温室内的温度、光照和二氧化碳气肥。

（1）应掌握的技术要点。①增温增光，主要通过点燃沼气灶、灯来解决，适宜燃烧时间为凌晨5：30～8：30。②增供二氧化碳，主要靠燃烧沼气，适宜时间应安排在凌晨6：00～8：00。注意放风前30分钟应停止燃烧沼气。③温室内按每50

米^2 设置一盏沼气灯，每 100 米^2 设置一台沼气灶。

（2）注意事项。①点燃沼气灶、灯应在凌晨气温较低（低于 30℃）时进行。②施放二氧化碳后，水肥管理必须及时跟上。③不能在温棚内堆沤发酵原料。④当 1 000 米^3 的日光温室燃烧 1.5 米^3 的沼气时，沼气需经脱硫处理后再燃烧，以防有害气体对作物产生危害。

4. 沼气作动力燃料 沼气的主要成分是甲烷，它的燃点是 814℃，而柴油机压缩行程终了时的温度一般只有 700℃，低于甲烷的燃点。由于柴油机本身没有点火装置，因此，在压缩行程上止点前不能点燃沼气。用沼气作动力燃料在目前大部分是采用柴油引燃沼气的方法，使沼气燃烧（即柴油—沼气混合燃烧），简称油气混烧。油气混烧保留了柴油机原有的燃油系统，只在柴油机的进气管上装一个沼气—空气混合器即可。在柴油机进气行程中，沼气和空气在混合器混合后进入气缸，在柴油机压缩行程上止点前喷油系统自动喷入少量柴油（引燃油量）引燃沼气，使之做功。

柴油机改成油气混烧保留了原机的燃油系统。压缩比喷油提前角和燃烧室均未变动，不改变原机结构，所以不影响原机的工作性能。当没有沼气或沼气压力较低时，只要关闭沼气阀，即可成为全柴油燃烧，保持原机的功率和热效率。

据测定，油气混烧与原机比较，一般可节油 70%～80%，每 0.735 千瓦（1 马力）一小时要耗沼气 0.5 米^3。如 S195 型柴油机即 8.88 千瓦（12 马力），一小时要耗用 6 米^3 沼气。

5. 沼气灯光诱蛾 沼气灯光的波长在 300～1 000纳米，许多害虫对于 300～400 纳米的紫外光线有较大的趋光性。夏、秋季节，正是沼气池产气和多种害虫成虫发生的高峰期，利用沼气灯光诱蛾养鱼、养鸡、养鸭并捕杀害虫，可以一举多得。

（1）技术要点。①沼气灯应吊在距地面或水面 80～90 厘米处。②沼气灯与沼气池相距 30 米以内时，用直径 10 毫米的塑料管作沼气输气管，超过 30 米远时应适当增大输气管道的管径。也可在沼气输气管道中加入少许水，产生气液局部障碍，使沼气灯工作时产生忽闪现象，增强诱蛾效果。③幼虫喂鸡、鸭的办法：在沼气灯下放置一只盛水的大木盆，水面上滴入少许食用油，当害虫大量拥来时，落入水中，被水面浮油粘住翅膀死亡，以供鸡鸭采食。④诱虫喂鱼的办法：离塘岸 2 米处，用 3 根竹竿做成简易三脚架，将沼气灯固定。

（2）注意事项。诱蛾时间应根据害虫前半夜多于后半夜的规律，掌握在天黑至午夜 24：00 为宜。

（二）沼液的利用

1. 沼液做肥料 腐熟的沼液中含有丰富的氨基酸、生长素和矿质营养元素，其中全氮含量 0.03%～0.08%，全磷含量 0.02%～0.07%，全钾含量 0.05%～1.4%，是很好的优质速效肥料。可单施，也可与化肥、农药、生长剂等混合施。可作种肥、追肥和叶面喷肥。

（1）作种肥浸种。沼液浸种能提高种子发芽率、成苗率，具有壮苗保苗作用。其原因已知道的有以下三个方面：①营养丰富。腐熟的沼气发酵液含有动植物所需的多种水容性氨基酸和微量元素，还含有微生物代谢产物，如多种氨基酸和消化酶等各种活性物质。用于种子处理，具有催芽和刺激生长的作用。同时，在浸种期间，钾离子、铵离子、磷酸根离子等都会因渗透作用不同程度地被种子吸收，而这些养分在秧苗生长过程中，可增加酶的活性，加速养分运转和代谢过程。②有灭菌杀虫作用。沼液是有机物在沼气池内厌氧发酵的产物。由于缺氧、沉淀和大量铵离子的产生，使沼液不会带有活性菌和虫卵，并可杀死或抑制种谷面的病菌和虫卵。③可提高作物的抗逆能力，避免低温影响。种子经过浸泡吸水后，即从休眠状态进入萌芽状态。春季气温忽高忽低，按常规浸种育秧法，往往会对种子正常的生理过程产生影响，造成闷芽、烂秧，而采用沼液浸种，沼气池水压间的温度稳定在8～10℃，基本不受外界气温变化的影响，有利于种子的正常萌发。

A. 技术要点：

小麦：在播种前1天进行浸种，将晒过的麦种在沼液中浸泡12小时，取出种子袋，用清水洗净并将袋里的水沥干，然后把种子摊在席子上，待种子表面水分晾干后即可播种。如果要催芽的，即可按常规办法催芽播种。

玉米：将晒过的玉米种装入塑料编织袋内（只装半袋），用绳子吊入出料间料液中部，并拽一下袋子的底部，使种子均匀松散于袋内，浸泡24小时后取出，用清水洗净，沥干水分，即可播种。此法比干种播种增产10%～18%。

甘薯与马铃薯：甘薯浸种是将选好的薯种分层放入清洁的容器内（桶、缸或水泥池），然后倒入沼液，以淹过上层薯种6厘米左右为宜。在浸泡过程中，沼液略有消耗，应及时添加，使之保持原来液面高度。浸泡2小时后，捞出薯种，用清水冲洗后，放在草席上，晾晒半小时左右，待表面水分干后，即可按常规方法排列上床育苗。该法比常规育苗提高产芽量30%左右，沼液浸种的壮苗率达99.3%，平均百株重为0.61千克；而常规浸种的壮苗率仅为67.7%，平均百株重0.5千克。马铃薯浸种也是将选好的薯种分层放入清洁的容器内，取正常沼液浸泡4小时，捞出后用清水冲洗净，然后催芽或播种。

早稻：浸种沼液24小时后，再浸清水24小时；对一些抗寒性较强的品种，浸种时间适当延长，可用沼液浸36小时或48小时，然后清水浸24小时；早稻杂交品种由于其呼吸强度大，因此宜采用间歇法浸种，即浸6小时后提起用清水沥干（不滴水为止），然后再浸，连续重复做，直到浸够要求时间为止。

棉花：浸棉花种防治枯萎病。沼液中含有较高浓度的氨和铵盐。氨水能使棉花枯萎病得到抑制。沼液中还含有速效磷和水溶性钾。这些物质比一般有机肥含量高，有利于棉株健壮生长，增强抗病能力，沼液防治棉花枯萎病效果明显，而且可以提高产量，同时既节省了农药开支，又避免了环境污染。

其方法是：用沼液原液浸棉种，浸后的棉种用清水漂洗一下，晒干再播；其次用沼液原液分次灌蔸，每亩用沼液5 000～7 500 千克为宜。棉花现蕾前进行浇灌效果最佳。一般防治要达 52%左右，死苗率下降 22%左右。棉花枯萎病发病高峰正是棉花现蕾盛期限，因此，沼液灌蔸主要在棉花现蕾前进行，以提高防治效果。据报道，一般单株成桃增加 2 个左右；棉花产量提高 9%～12%；亩增皮棉 11～17.5 千克。

花生：一次浸 4～6 小时，清水洗净晾干后即可播种。

烟籽：时间 3 小时，取出后放清水中，轻揉2～3分钟，晾干后播种。

瓜类与豆类种子：一次浸 2～4 小时，清水洗净，然后催芽或播种。

B. 使用效果。①沼液比清水浸种水稻和谷种的发芽率能提高 10%；②沼液比清水浸种水稻的成秧率能提高 24.82%，小麦成苗率提高 23.6%；③沼液浸种的秧苗素质好，秧苗增高、茎增粗、分蘖数目多，而且根多、子根粗、芽壮、叶色深绿，移栽后返青快、分蘖早、长势旺；④用沼液浸种的秧苗“三抗”能力强，基本无恶苗病发生，而未浸种的恶苗病发病率平均为8%。

C. 注意事项：①用于沼液浸种的沼气池要正常产气3个月以上。②浸种时间以种子吸足水分为宜，浸种时间不宜过长，过长种子易水解过度，影响发芽率。③沼液浸过的种子，都应用清水淘净，然后催芽或播种。④及时给沼气池加盖，注意安全。⑤由于地区、墒情、温度、农作物品种不同，浸种时间各地可先进行一些对比试验后确定。⑥在产气压力低（50毫米水柱）或停止产气的沼气池水压间浸种，其效果较差。⑦浸种前盛种子的袋子一定要清洗干净。

（2）作追肥。用沼液作追肥一般作物每次每亩用量500千克，需对清水2倍以上，结合灌溉进行更好；瓜菜类作物可适当增加用量，两次追肥要间隔10天以上。果树追肥可按株进行，幼树一般每株每次可施沼液10千克，成年挂果树每株每次可施沼液50千克。

（3）叶面喷肥。

选择沼液：选用正常产气3个月以上的沼气池中腐熟液，澄清、纱布过滤并敞半天。

施肥时期：农作物萌动抽梢期（分蘖期）、花期（孕穗期、始果期）、果实膨大期（灌浆结实期）、病虫害暴发期。每隔10天喷施1次。

施肥时间：上午露水干后（10：00 左右）进行，夏季傍晚为宜，中午高温及暴雨前不施。

浓度：幼苗、嫩叶期 1 份沼液加 1～2 份清水；夏季高温，1 份沼液加 1 份清水；气温较低，老叶（苗）时，不加水。

用量：视农作物品种和长势而定，一般每亩 40～100 千克。

喷洒部位：以喷施叶背面为主，兼顾正面，以利养分吸收。

果树叶面追肥：用沼液作果树的叶面追肥要分 3 种情况。如果果树长势不好和挂果的果树，可用纯沼液进行叶面喷洒，还可适当加入 0.5%的尿素溶液与沼液混合喷洒。气温较高的南方应将沼液稀释，以 100 千克沼液对 200 千克清水进行喷洒。如果果树的虫害很严重可按照农药的常规稀释量加入防治虫害不同的农药配合喷洒。

2. 沼液防虫

（1）柑橘螨、蚧和蚜虫。沼液 50 千克，双层纱布过滤，直接喷施，10 天 1 次；发生高峰期，连治 2～3 次。若气温在 25℃以下，全天可喷；气温超过 25℃，应在下午 5：00 以后进行。如果在沼液中加入 1 000～3 000 倍液的灭扫利，灭虫卵效果尤为显著，且药效持续时间 30 天以上。

（2）柑橘黄蜘蛛、红蜘蛛。取沼液 50 千克，澄清过滤，直接喷施。一般情况下，红蜘蛛、黄蜘蛛3～4 小时失活，5～6 小时死亡 98.5%。

（3）玉米螟。沼液 50 千克，加入 2.5%敌杀死乳油 10 毫升，搅匀，灌玉米新叶。

（4）蔬菜蚜虫。每亩取沼液 30 千克，加入洗衣粉 10 克，喷雾。也可利用晴天温度较高时，直接泼洒。

（5）麦蚜虫。每亩取沼液 50 千克，加入乐果 2.5 克，晴天露水干后喷洒；若 6 小时以内遇雨，则应补喷 1 次。蚜虫 28 小时失活，40～50 小时死亡，杀灭率 94.7%。

（6）水稻螟虫。取沼液 1 份加清水 1 份混合均匀，泼浇。

3. 沼液养鱼

（1）技术要点。①原理：将沼肥施入鱼塘，系为水中浮游动、植物提供营养，增加鱼塘中浮游动、植物产量，丰富滤食鱼类饵料的一种饲料转换技术。②基肥：春季清塘、消毒后进行。每亩水面用沼渣 150 千克或沼液 300 千克均匀施肥。沼渣可在未放水前运至大塘均匀撒开，并及时放水入塘。③追肥：4～6 月每周每 667 米^2 水面施沼渣 100 千克或沼液 200 千克；7～8 月，每周每 667 米^2 水面施沼液 150 千克；9～10 月，每周每 667 米^2 水面施沼渣 100 千克或沼液 150 千克。④施肥时间：晴天 8：00～10：00 施沼液最好；阴天可不施；有风天气，顺风泼洒；闷热天气、雷雨来临之前不施。

（2）注意事项。①鱼类以花白鲢为主，混养优质鱼（底层鱼）比例不超过 40%。②专业养殖户，可从出料间连接管道到鱼池，形成自动溢流。③水体透明度大于30厘米时每2天施1次沼液，每次每667米^{2}水面施沼液100～150千克，直到透明度回到25～30厘米后，转入正常投肥。

（3）配置颗粒饵料养鱼。利用沼液养鱼是一项行之有效的实用技术，但是如果技术使用不当或遇到特殊气候条件时，容易使水质污染，造成鱼因缺氧窒息而死亡，针对这一问题，用沼液、蚕沙、麦麸、米糠、鸡粪配成颗粒饵料喂鱼，则水不会受到污染，从而降低了经济损失。

原料配方：用沼液28%、米糠30%、蚕沙15%、麦麸21%、鸡粪6%。

配制方法：蚕沙、麦麸、米糠、用粉碎机粉碎成细末，而后加入鸡粪再加沼液搅拌均匀晾晒，在7成干时用筛子格筛成颗粒，晒干保管。

堰塘养鱼比例：鲢鱼20%、草鱼60%、鲤鱼15%、鲫鱼5%。撒放颗粒饵料要有规律性，早晨7时，下午17时撒料为宜，定地点，定饵料。

养鱼需要充足的阳光：颗粒饵料养鱼，务必选择阳光充足的堰塘。据测试，阳光充足，草鱼每天能增长11克，花鲢鱼增长8克；阳光不充足，草鱼每天只增长7克，花鲢增长6克。

掌握加沼液的时间：配有沼液的饵料，含蛋白质较高，在200克以下的草鱼不适宜喂，否则会引起鱼吃后腹泻。200克重以上的鱼可添加沼液的饵料，但开始不宜过多，以后根据鱼大小和数量适当增加。最好将200克以下和200克以上的鱼分开，避免小鱼吃后腹泻。

该技术的关键是饵料配制、日照时间要长及掌握好添加沼液的时间。

4. 沼液养猪

(1) 技术要点。①沼液采自正常产气3个月以上的沼气池。清除出料间的浮渣和杂物，并从出料间取中层沼液，经过滤后加入饲料中。②添加沼液喂养前，应对猪进行驱虫、健喂和防疫，并把喂熟食改为喂生食。③按生猪体重确定每餐投喂的沼液量，每日喂食3～4餐。④观察生猪饲喂沼液后有无异常现象，以便及时处置。⑤沼液日喂量的确定。沼液日喂量的确定有以下三种方法。

体重确定法：育肥猪体重从20千克开始，日喂沼液1.2千克；体重达40千克时，日喂沼液2千克；体重达60千克时，日喂沼液3千克；体重达100千克以上，日喂沼液4千克。若猪喜食，可适当增加喂量。

精饲料确定法：精饲料指不完全营养成分拌和料；体重达100千克以上，沼液日喂食量按每千克饲料拌1.5～2.5千克为宜。

青饲料确定法：以青饲料为主的地区，将青饲料粉碎淘净放在沼液中浸泡，2小时后直接饲喂。

(2) 注意事项。①饲喂沼液，猪有个适应过程，可采取先盛放沼液让其闻到气味，或者饿1～2餐，从而增加食欲，将少量沼液拌入饲料，3～5

天后，即可正常进行。猪体重20～50千克时，饲喂增重效果明显。②严格掌握日饲喂量。如发现猪饲喂沼液后拉稀，可减量或停喂2天。所喂沼液一般须取出后搅拌或放置1～2小时让氨气挥发后再喂。放置时间可根据气温高低灵活掌握，放置时间不宜过长以防光解、氧化及感染细菌。③沼液喂猪期间，猪的防疫驱虫、治病等应在当地兽医的指导下进行。④池盖应及时还原。死畜、死禽、有毒物不得投入沼气池。⑤病态的、不产气的和投入了有毒物质的沼气池中的沼液，禁止喂猪。⑥沼液的酸碱度以中性为宜，即pH在6.5～7.5。⑦沼液仅是添加剂，不能取代基础粮食，只有在满足猪日粮需求的基础上，才能体现添加剂的效果。⑧添加沼液的养猪体重在120千克左右出栏，经济效果最佳。

（三）沼渣的利用

1. 沼渣做肥料

（1）作底肥直接使用。由于沼渣含有丰富的有机质、腐殖酸类物质，因而应用沼渣作底肥不仅能使作物增产，长期使用还能改变土壤的理化性状，使土壤疏松，容重下降，团粒结构改善。

用作旱地作物时，先将土壤挖松一次，将沼渣以每亩2 000千克，均匀撒在土壤中，翻耕，耙平，使沼渣埋于土表下10厘米，半月后便可播种、栽培；用于水田作物时，要在第一次犁田后，将沼渣倒入田中，并犁田3～4遍，使土壤与沼渣混合均匀，10 天后便可播种、栽培。

（2）沼渣与碳酸氢铵配合使用。沼渣作底肥与化肥碳酸氢铵配合使用，不仅能减少化肥的用量，还能改善土壤结构，提高肥效。

方法是：将沼渣从沼气池中取出，让其自然风干 1 周左右，以每亩使用沼渣 500 千克，碳酸氢铵 10 千克，如果缺磷的土壤，还需补施 25 千克过磷酸钙，将土壤或水田再耙一次。旱地还需覆盖 10 厘米厚泥土，以免化肥快速分解，其余施肥方法按照作物的常规施肥与管理。

（3）制沼腐磷肥。先取出沼气池的沉渣，滤干水分，每 50 千克沼渣加 2.5～5 千克磷矿粉，拌和均匀，将混合料堆成圆锥形，外面糊一层稀泥，再撒一层细沙泥，避免开裂，堆放 50～60 天，便制成了沼腐磷肥。再将其挖开，打细，堆成圆锥形，在顶上向不同的方向打孔，每 50 千克沼腐磷肥加 5 千克碳酸氢铵稀释液，从顶部孔内慢慢灌入堆内，再糊上稀泥密封即可使用。

2. 沼渣种植食用菌

（1）堆制培养料。食用菌是依靠培养料中的营养物质来生长发育的，因此，培养料是食用菌栽培的物质基础。用来堆置的培养料应选择含碳氮物质充分、质地疏松、富有弹性、能含蓄较多空气的材料，以利于好气性微生物的培养和食用菌菌丝体吸收养分。如麦秸、稻草和沼渣。

以沼渣麦秸为原料，按 1∶0.5 的配料比堆制培养料的具体操作步骤是：

铡短麦草：把不带泥土的麦草铡成3～4厘米的短草，收贮备用。

晒干：打碎沼渣，选取不带泥土的沼渣晒干后打碎，再用筛孔为豌豆大的竹筛筛选。筛取的沼渣干粒收放屋内，以免雨淋受潮。

堆料：把截短的麦草用水浸透发胀，铺在地上，厚度以16厘米为宜。在麦草上均匀铺撒沼渣干粒，厚约3厘米。照此程序，在铺完第一层堆料后，再继续铺放第二层、第三层。铺完第三层时，开始向料堆均匀泼洒沼气水肥，每层泼350～400千克，第四、五、六、七层都分别泼洒相同数量的沼气水肥，使料堆充分吸湿浸透。料堆长3米、宽2.33米、高1.5米，共铺七层麦草七层沼渣，共用晒干沼渣约800千克、麦草400千克、沼气水肥2 000千克左右，料堆顶部呈瓦背状弧性。

翻草：堆料7天左右，用细竹竿从料堆顶部朝下插一个孔，把温度计从孔中放进料堆内部测温，当温度达到70℃时开始第一次翻草。如果温度低于70℃，应当适当延长堆料时间，待上升到70℃时再翻料，同时要注意控制温度不超过80℃，否则，原料腐熟过度，会导致养分消耗过多。第一次翻料时，加入25千克碳酸氢铵、20千克钙镁磷肥、50千克油枯粉、23千克石膏粉。加入适量化肥，可补充养分和改变培养料的硬化性状；石膏可改变培养料的黏性和使其松散，并增加硫、钙矿质元素。翻料方法是：料堆四周往中间翻，再从中间往外翻，直到拌和均匀。翻完料后，继续进行堆料，堆5～6天，测得料堆温度达到70℃时，开始第二次翻料。此时，用40%的甲醛水液（福尔马林）1千克，加水40千克，再翻料时喷入料堆消毒，边喷边拌，翻拌均匀。如料堆变干，应适当泼洒沼气水肥，泼水量以手捏滴水为宜；如料堆偏酸，就适当加石灰水，如呈碱性，则适当加沼气水肥，调节料堆的酸碱度从中性到微碱（pH 7～7.5）为宜。然后继续堆料3～4天，温度达到70℃时，进行第三次翻料。在这之后，一般再堆料2～3天，即可移入菌床使用。整个堆料和三次翻料共约18天。

（2）沼渣种蘑菇的优点。①取材广泛、方便、省工、省时、省料。②成本低、效益高。用沼渣种食用菌，每平方米菇床成本仅1.22元，比用牛粪种食用菌每平方米菇床的成本2.25元节省了1.03元，还节省了400千克秸草，价值18.40元。沼渣栽培食用菌，一般提前10天左右出菇，品质好，产量高。③沼渣比牛粪卫生。牛粪在堆料过程中有粪虫产生,沼渣因经过沼气池厌氧灭菌处理,堆料中没有粪虫。用沼渣作培养料,杂菌污染的可能性小。

（四）沼肥的综合利用

有机物质（如猪粪、秸秆等）经厌养发酵产生沼气后，残留的渣和液统称为沼气发酵残留物，俗称沼肥。沼肥是优质的农作物肥料，在农业生产中发挥着极其重要的作用。

1. 沼肥配营养土盆栽

（1）技术要点。①配制培养土：腐熟3个月以上的沼渣与园土、粗沙等拌匀。比例为鲜沼渣40%、园土40%、粗沙20%，或者干沼渣20%、园土60%、粗沙20%。②换盆：盆花栽植1～3年后，需换土、扩钵，一般品种可用上法配制的培养土填充，名贵品种视品种适肥性能增减沼肥量和其他培养料。新植、换盆花卉，不见新叶不追肥。③追肥：盆栽花卉一般土少树大、营养不足，需要人工补充，但补充的数量与时间视品种与长势确定。

茶花类（以山茶为代表）要求追肥次数少、浓度低，3～5月每月一次沼液，浓度为1份沼液加1～2份清水；季节花（以月季花为代表）可1月1次沼液，比例同上，至9～10月停止。

观赏类花卉宜多施，观花观果类花卉宜与磷、钾肥混施，但在花蕾展观和休眠期停止使用沼肥。

（2）注意事项。①沼渣一定要充分腐熟，可将取出的沼渣用桶存放20～30天再用。②沼液作追肥和叶面喷肥前应敞半天以上。③沼液种盆花，应计算用量，切忌过量施肥。若施肥后，纷落老叶，则表明浓度偏高，应及时淋水稀释或换土；若嫩叶边缘呈渍状脱落，则表明水肥中毒，应立即脱盆换土，剪枝、遮阴护养。

2. 沼肥旱土育秧

（1）技术要点。沼液沼渣旱土育秧是一项培育农作物优质秧苗的新技术。

苗床制作：整地前，每亩用沼渣 1 500 千克撒入苗床，并耕耙 2～3 次，随即作畦，畦宽 140 厘米、畦高 15 厘米、畦长不超过 10 米，平整畦面，并作好腰沟和围沟。

播种前准备：每亩备好中膜 80～100 千克或地膜 10～12 千克，竹片 450 片，并将种子进行沼液浸种、催芽。

播种：播种前，用木板轻轻压平畦面，畦面缝隙处用细土添平压实，用洒水壶均匀洒水至 5 厘米土层湿润。按 2～3 千克/米^2 标准喷施沼液。待沼液渗入土壤后，将种子来回撒播均匀，逐次加密。播完种子后，用备用的干细土均匀撒在种子面上，种子不外露即可。然后用木板轻轻压平，用喷雾器喷水，以保持表土湿润。

盖膜：按 40 厘米间隙在畦面两边拱行插好支撑地膜的竹片，其上盖好薄膜，四边压实即可。

苗床管理：种子进入生根立苗期应保持土壤湿润。天旱时，可掀开薄膜，用喷雾器喷水浇灌。长出二叶一心时，如叶片不卷叶，可停止浇水，以促进扎根，待长出三叶一心后，方可浇淋。秧苗出圃前一周，可用稀释 1 倍的沼液浇淋 1 次送嫁肥。

（2）注意事项。①使用的沼液及沼渣必须经过充分腐熟。②畦面管理应注意棚内定时通风。

3. 利用沼肥种菜　沼肥经沼气发酵后杀死了寄生虫卵和有害病菌，同时又富集了养分，是一种优质的有机肥料。用来种菜，既可增加肥效，又可减少使用农药和化肥，生产的蔬菜深受消费着喜爱，与未使用沼肥的菜地对比，可增产30%左右，市场销售价格也比普通同类价格要高。

（1）沼渣作基肥。采用移栽秧苗的蔬菜，基肥以穴施方法进行。秧苗移栽时，每亩用腐熟沼渣2 000千克施入定植穴内，与开穴挖出的园土混合后进行定植。对采用点播或大面积种植的蔬菜，基肥一般采用条施条播方法进行。对于瓜菜类，例如南瓜、冬瓜、黄瓜、番茄等，一般采用大穴大肥方法，每亩用沼渣3 000千克、过磷酸钙35千克、草木灰100千克和适量生活垃圾混合后施入穴内，盖上一层厚5～10厘米的园土，定植后立即浇透水，及时盖上稻草或麦秆。

（2）沼液作追肥。一般采用根外淋浇和叶面喷施2种方式。根部淋浇沼液量可视蔬菜品种而定，一般每亩用量为500～3 000千克。施肥时间以晴天或傍晚为好，雨天或土壤过湿时不宜施肥。叶面喷施的沼液需经纱布过滤后方可使用。在蔬菜嫩叶期，沼液应兑水1倍稀释，用量在40～50千克，喷施时以叶背面为主，以布满液珠而不滴水为宜。喷施时间，上午露水干后进行，夏季以傍晚为好，中午、下雨时不喷施。叶菜类可在蔬菜的任何生长季节施肥，也可结合防病灭虫时喷施沼液。瓜菜类可在现蕾期、花期、果实膨大期进行，并在沼液中加入3%的磷酸二氢钾。

(3) 注意事项。①沼渣作基肥时，沼渣一定要在沼气池外堆沤腐熟。②沼液叶面追肥时，应观察沼液浓度。如沼液呈深褐色，有一定稠度时，应兑水稀释后使用。③沼液叶面追肥，沼液一般要在沼气池外停置半天。④蔬菜上市前7天，一般不再追施沼肥。

4. 用沼肥种花生

(1) 技术要点。

备好基肥：每亩用沼渣2 000千克、过磷酸钙45千克堆沤1个月后与20千克氯化钾或50千克草木灰混合拌匀备用。

整地作畦，挖穴施肥：翻耙平整土地后，按当地规格作畦，一般采用规格为畦宽100厘米、畦高12～15厘米，沟宽35厘米，畦长不超过10米。视品种不同挖穴规格一般为15厘米×20厘米或15厘米×25厘米，亩保持1.5万～2.0万株。穴宽8厘米见方，穴深10厘米，每穴施入混合好的沼渣0.1千克。

浸种播种，覆盖地膜：在播种前，用沼液浸种4～6小时，清洗后用0.1%～0.2%钼酸铵拌种，稍干后即可播种。每穴2粒种子，覆土3厘米，然后用五氯酸钠500克兑水75千克喷洒畦面后即可盖膜，盖膜后四边用土封严压紧，使膜不起皱，紧贴土面。

管理：幼苗出土后，用小刀在膜上划开6厘米十字小洞，以利幼苗出土生长。幼苗4～5片叶至初花期，每亩用750千克沼液淋浇追肥。盛花期，每

667 米^2 喷施沼液 75 千克，如加入少量尿素和磷酸二氢钾则效果更好。

（2）注意事项。①沼渣与过磷酸钙必须堆沤 1 个月。②追肥用沼液如呈深褐色且稠度大时，应兑水 1 倍方可施肥。

实践证明，使用沼渣和沼液作花生基肥和追肥可提高出苗率 10%，可增产 20%左右。

5. 用沼肥种西瓜

（1）浸种。浸 8～12 小时，中途搅动 1 次，结束后取出轻搓 1 分钟，洗净，保温催芽 1～2 天，温度 30℃左右，一般 20～24 小时即可发芽。

（2）配制营养土及播种。取腐熟沼渣 1 份与 10 份菜园土，补充磷肥（按 1 米^{3}1 千克）拌和，至手捏成团，落地能散，制成营养钵；当种子露白时，即可播入营养钵内，每钵 2～3 粒种子。

（3）基肥。移栽前一周，将沼渣施入大田瓜穴，每亩施沼渣 2 500 千克。

（4）追肥。从花蕾期开始，每 10～15 天行间施 1 次，每次每 667 米^2 施沼液 500 千克，沼液∶清水＝1∶2。可重施 1 次壮果肥，用量为每亩 100 千克饼肥、50 千克沼肥、10 千克钾肥。开 10～20 厘米环状沟，施肥后在沟内覆土。

（5）沼液叶面喷肥。初蔓开始，7～10 天喷 1 次，沼液∶清水＝1∶2，后期改为 1∶1，能有效防治枯萎病。